IT SERVICE MANAGEMENT MIT ITIL® V3

EIN WEITERER ITIL® V3 POCKETGUIDE

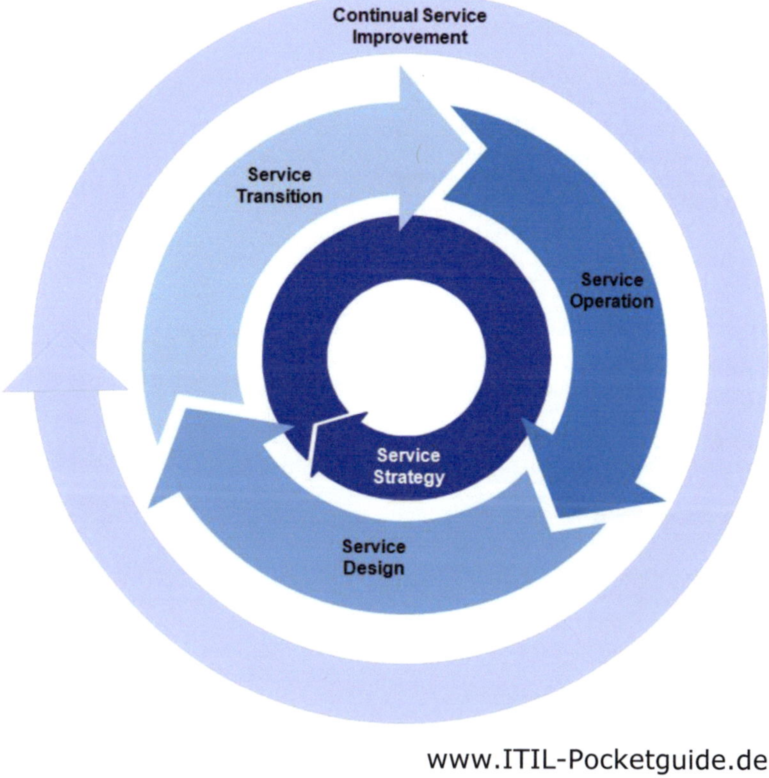

www.ITIL-Pocketguide.de

© Christian Simons

Version 1.0 (Dezember 2010)

Inhaltsverzeichnis

Vorwort

Sehr geehrte Damen und Herren,
mit dem vorliegenden Pocketguide möchte ich Ihnen die Möglichkeit geben, sich in kompakter und kostengünstiger Weise mit ITIL Version 3 zu beschäftigen.

Das vorliegende Werk richtet sich ebenso an Personen, die sich bereits mit der ITIL Version 2 auseinander gesetzt haben und sich nun in das Thema ITIL Version 3 einarbeiten möchten, als auch an Personen, die sich einen kompakten Überblick zum Thema ITIL V3 verschaffen möchten.

Nutzen Sie diesen Pocketguide als kompaktes Nachschlagewerk begleitend zu Ihrer ITIL-Ausbildung oder als Einführung in das Thema IT Service Management.

Dieser Pocketguide soll in keinem Fall die Originalliteratur ersetzen, sondern als Ergänzung und Hilfsmittel dienen!

Links zur Originalliteratur finden Sie auf meiner Homepage unter
http://www.ITIL-Pocketguide.de.

Sollten Sie Interesse an einer Mitarbeit und somit an der Weiterentwicklung dieses Pocketguides haben, senden Sie mir eine Email an info@itil-pocketguide.de.

Fehler, Ergänzungen und/oder Anregungen nehme ich ebenfalls gerne unter der o.a. Email-Adresse entgegen.

Aus lizenztechnischen Gründen wurde auf Abbildungen aus der Originalliteratur in diesem Buch verzichtet.

Kapitel 1: ITIL-Übersicht

1.1 ITIL V1 (1986 – ca. 1999)

Die Version 1 der Library bestand aus ca. 50 Büchern.

Zehn Bücher, die sich mit den Service Support und Service Delivery Prozessen befassten, wurden als "Kern" von ITIL betrachtet. Die übrigen Bücher (etwa vierzig) beschrieben "ergänzende Themen aus dem Bereich IT-Management". Die erste Buchreihe der IT Infrastructure Library beschrieb IT-(Service-)Management vor allem aus der Perspektive der IT.

1.2 ITIL V2 (1999 – 2007)

Die rasanten Entwicklungen in der IT (Client-Server, Internet etc.) führten zur einer Überarbeitung und der Zusammenfassung in 6 Hauptbereiche und dementsprechend 6 Bücher, worin auch eine Betrachtung der IT-Services aus der geschäftlichen Perspektive eingeführt wurde, um die Kluft zwischen den Kunden und dem IT-Management zu überbrücken und eine Geschäftsbeziehung sicherzustellen.

Folgende Bücher beschreiben diese 6 Bereiche:

- Planning to implement Service Management
  - Betrachtung der Durchgängigkeit von der geschäftlichen Perspektive bis zur Technologie
- Service Support
  - Unterstützung und Betrieb der IT-Services
- Service Delivery
  - Planung und Lieferung von IT-Services
- IT Infrastructure Management
  - Management der IT-Infrastruktur
- Application Management
  - Management der Anwendungen
- Security Management
  - Betrachtung von Sicherheitsaspekten

Jeder dieser Bereiche besitzt Berührungspunkte und Überscheidungen mit den übrigen Elementen.

ITIL V2 galt als frei zugängliches Rahmenwerk, bestehend aus 6 Büchern und wurde Mitte der 90er Jahre als der weltweite „De-facto Standard" für das IT Service Management anerkannt.

Nicht zuletzt wird dies dadurch gefestigt, dass der 2. Teil der im Jahre 2005 verabschiedeten ISO/IEC 20000 Norm zum größten Teil auf ITIL V2 beruht und aufbaut.

1.3 ITIL V3 (2007 - dato)

Die neue IT Infrastructure Library in der Version 3

- verfolgt einen Service Lifecycle-Ansatz, um die Segmentierung in verschiedene IT-Bereiche und die Kluft zwischen IT und Betriebswirtschaft zu überwinden;
- verknüpft IT- und Geschäftsziele - "die IT wie ein Business betreiben" ist ein Leitmotiv der neuen Version;
- enthält Richtlinien zur Compliance mit Gesetzen und Regulatorien wie Sarbanes-Oxley Act und Basel II sowie mit Standards wie ISO/IEC 20000, COBIT und Six Sigma;
- erörtert neue Themen wie zum Beispiel Service-Management-Strategien für Outsourcing, Co-Sourcing und Shared-Services-Modelle.

Dieser Service Lifecycle-Ansatz wird durch die Einteilung in fünf neue Kernbücher zum Ausdruck gebracht:

Service Strategy

Das Buch gibt Hinweise für die Planung und Implementierung von IT Service Management Praktiken und deren Ausrichtung auf die Business Bedürfnisse. Neue und bestehende IT Services werden an die zentralen Prinzipien von IT Service Management ausgerichtet. Alle folgenden Bücher referenzieren auf Service Strategy, um die Sicherstellung der Business-Ziele in den verschiedenen Life-Cycle-Phasen sicherzustellen.

Service Design

Die Publikation „Service Design" bietet Unterstützung bei der Erstellung und Pflege der IT Service Management Prozesse, Richtlinien, Architekturen und Dokumentationen für das Design von angemessenen und innovativen IT Infrastruktur Services. Mit diesen Lösungen und Prozessen sollen die aktuellen und auch künftig zu vereinbarenden Geschäftsanforderungen erfüllt werden.

Service Transition

Die Publikation "Service Transition" gibt Anleitungen zur Überführung von IT Dienstleistungen in das Business-Umfeld. Der Fokus liegt in der erweiterten und langfristigen Change Management Rolle und der standardisierten Release Praktiken. Es werden Risiken, Nutzenstiftung, sichere Auslieferung zur Gewährleistung eines stabilen Betriebs berücksichtigt.

Service Operation

"Service Operation" fokussiert sich auf die Delivery- und Kontroll-Prozesseaktivitäten zur täglichen Sicherstellung der geforderten Stabilität von IT Services. Die aus der ITIL V2 bekannten Prozesse Service Delivery und Service Support bilden den Hauptteil dieses Buches.

Continual Service Improvement

Dieses Buch behandelt die notwendigen Prozesselemente zur Identifikation und Umsetzung von Service Verbesserungen bis hin zur Servicestilllegung.

sowie einem Buch zur Einführung in den Service Lifecycle

- **The official introduction to the ITIL Service Lifecycle**

Kapitel 2: Grundlagen

Bevor detailliert auf das Referenzmodell ITIL eingegangen wird, sollten kurz ein paar wesentliche Aspekte erläutert werden, die unabdingbar sind, wenn man sich mit dem Thema IT Service Management beschäftigt.

2.1 Was ist IT Service Management?

Service Management bedeutet, Standardisierungen für Prozesse und Methoden vorzunehmen, um die Gesamtheit der spezialisierten organisatorischen Fähigkeiten untereinander so zu koordinieren, dass die Generierung eines **Mehrwerts** für Kunden in Form von **Services** möglichst kosten- und nutzeneffizient sichergestellt.

Oder mit anderen einfachen Worten: **„Steigerung der Wertschöpfung"**

Steigerung der Wertschöpfung durch die Verstärkung des Business IT Alignment durch die wertschöpfungsorientierte Ausrichtung der IT an das Business.

Der **Service** ist dabei eine Möglichkeit, einen Mehrwert für den Kunden zu erbringen, indem das Erreichen der von den Kunden angestrebten Ergebnisse erleichtert oder gefördert wird.

Aus Kundensicht besteht der **Mehrwert** aus 2 Kernkomponenten: Utility und Warranty

Utility ist „WAS" der Kunde erhalten möchte und **Warranty** ist „WIE" es geliefert wird.
Diese beiden Konzepte werden in der Service Strategie Phase noch detaillierter beschrieben.

2.2 Was ist ein Prozess?

Ein Prozess besteht aus einem Satz von in Wechselbeziehungen stehenden Mitteln und Tätigkeiten, die Eingaben in Ergebnisse umwandeln [...] und dadurch einen messbaren Mehrwert schaffen (EN ISO 8402).

Merkmale eines Prozesses:

- Prozesse sind zielorientiert. (Prozessziel)
- Prozesse sind mess- und steuerbar. (Zeit, Qualität & Kosten)
- Der Output enthält einen Mehrwert. (Wertschöpfung – value creation)
- Ein Prozess kann stufenweise optimiert werden.
- Menschen nehmen Rollen in Prozessen wahr (Rollenkonzept).

2.3 Was ist eine Funktion?

- Funktionen können Bereiche von Organisationseinheiten sein, die bestimmte Aufgaben ausführen und für einen Kunden verantwortlich sind.
- Funktionen bieten eine Möglichkeit, Organisationen zu strukturieren, um das Prinzip der Spezialisierung zu implementieren.
- Funktionen definieren typischerweise Rollen, Kompetenzen und Verantwortungen für bestimmte Ergebnisse.

Ein Ziel, das mit der Methodik unterstützt wird, ist es, die Funktionen der Aufbauorganisation (typisch: Organigramm) mit denen der Ablauforganisation in Einklang zu bringen.

2.4 Aufbauorganisation vs. Ablauforganisation

Die **Aufbauorganisation** gliedert die (Teil-) Aufgaben eines Unternehmens in Aufgabenbereiche und bestimmt die Stellen und Abteilungen, die diese bearbeiten sollen. Als Ergebnis zeigt sich eine Struktur als Verknüpfung dieser organisatorischen Grundelemente, die sich als Organigramm darstellen lässt (also Funktionen).

Die **Ablauforganisation** baut auf den Ergebnissen der Aufbauorganisation auf, indem verschiedene Personen die einzelnen, ihrer Rolle zugeordneten Aufgaben (Tätigkeiten) wahrnehmen. Die zur Erfüllung der Aufgaben notwendigen Verrichtungen werden in einem Ablauf (Prozess) verkettet. Diese Verkettungen und

Zusammenhänge von Tätigkeiten und Prozessen können in sog. Prozesslandkarten dargestellt werden.

In der Aufbauorganisation wird also i.d.R. das „WAS" beschrieben, wogegen die Ablauforganisation das „WIE" beschreibt.

2.5 Rollenkonzept – RACI-Modell

Bei der eindeutigen Bestimmung der Zuständigkeiten und Entscheidungsfindung kann das **RACI-Modell** helfen.

RACI steht als Akronym für:

- **R**esponsible – Person, die für die Durchführung verantwortlich ist
- **A**ccountable – Rechenschaftspflichtige Person, also für das End-Ergebnis verantwortlich
- **C**onsulted – Personen, die beraten und deren Meinung gefragt ist
- **I**nformed – Personen, die über Fortschritte informiert werden

	Service Management Direktor	Service Level Manager	Problem Manager	Security Manager
Aktivität 1	AR	C	I	I
Aktivität 2	A	R	C	C
Aktivität 3	I	A	R	C
Aktivität 4	I	A	R	

Abbildung: RACI-Matrix

Dabei gilt:

- Eine Rolle kann von mehreren Personen wahrgenommen werden
- Eine Person kann mehrere Rollen wahrnehmen

Mit der Version ITIL V3 sind gegenüber der ITIL V2 neue Rollen hinzu gekommen und bekannte Rollen abgeändert worden. Welche Aufgaben die jeweiligen Rollen verantworten, wird innerhalb der einzelnen Kapitel der Prozesse näher beschrieben.

Es sei zu beachten, dass die Literatur zu ITIL V3 nicht konsistent ist. Man findet mehrere Aufgaben und Verantwortlichkeiten, die in mehreren Rollen gleichzeitig vorhanden sind.

2.6 Das Agency Prinzip

„Principals" (Auftraggeber) beschäftigen „Agents", die in ihrem Namen spezielle Aufträge erledigen.
„Agents" können Angestellte, Berater oder auch Serviceprovider sein.

Innerhalb des Service Management Kontext sind die Kunden unsere „Principals", die zwei Arten von „Agents" beschäftigen:

- vertraglich gebundene Serviceprovider
- Anwender der Services, die beim Kunden angestellt sind

„Principals" stellen Ressourcen bereit und geben Ziele sowie Einschränkungen mit Aktionsbefugnissen vor.
„Agents" führen die Anweisungen (gegen Vergütung und Entlohnung) aus.

2.7 Tools: Technologie und Architektur

Für IT Service Management braucht es einen ganzheitlichen und integrierten Toolansatz mit folgenden Funktionalitäten:

- Hilfe zur Selbst-Hilfe (Service Operations)
- Workflow und Prozess Abbildung
- Integriertes CMS (Configuration Management System)
- Integrierte Audit Tools
- Diagnostische Fähigkeiten
- Reportingfunktionalität
- Dashboards
- Fähigkeit zur Integration mit den Business Service Management Tools

Aber auch hier gilt: ***Tool follows process!***

Erst die prozessualen Voraussetzungen schaffen: Ziele, Zweck und Umfang bestimmen, welche das Tool unterstützen sollen, denn "a fool with a tool is still a fool".

2.8 Übersicht V2 ⇔ V3

ITIL V2 - Kernbereich	ITIL V3
	Service Strategy - Service Strategy Prozess - Service Portfolio Management - Demand Management - Financial Management
Service Support - Incident Management - Problem Management - Change Management - Release Management - Configuration Management	**Service Design** - Service Catalogue Management - Information Security Management - Supplier Management - Service Level Management - Availability Management - Capacity Management - IT Service Continuity Management
Service Delivery - Service Level Management - Availability Management - Capacity Management - IT Service Continuity Management - Financial Management for IT Services	**Service Transition** - Transition Planning & Support - Change Management - Service Asset & Configuration Management - Release & Deployment Management - Service Validation and Testing - Evaluation - Knowledge Management
	Service Operation - Event Management - Request Fulfilment - Access Management - Incident Management - Problem Management
	Continual Service Improvement - 7 Step Improvement Process - Service Reporting - Service Measurement

Kapitel 3: Der Service Lifecycle in ITIL V3

3.1 Einführung in den Service Lifecycle

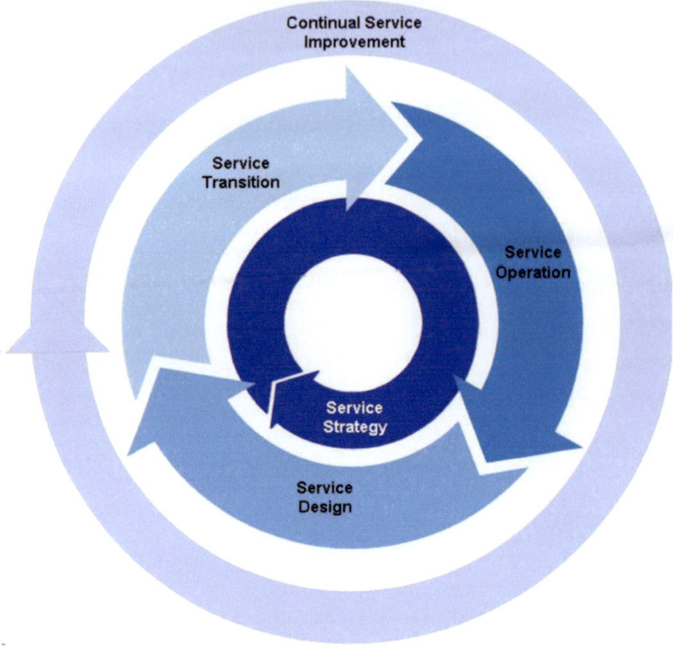

In ITIL V3 wird Service Management anhand des Lebenszyklus eines Service betrachtet.

Dieser Lebenszyklus beschreibt also ein organisatorisches Modell, welches Einblick gewährt in:

- den Weg, wie Service Management strukturiert ist
- die Art und Weise, wie die verschiedenen Lebenszyklen und deren Komponenten miteinander in Verbindung stehen
- die Auswirkung, die eine Änderung einer Komponente auf eine andere Komponente und das ganze Lebenszyklus-System haben kann

Der Service Lifecycle selbst ist iterativ und multidimensional. Er stellt sicher, dass Organisationen ihre Fähigkeiten in einem Bereich verbessern, während ein anderer davon lernt.

Der Service Lifecycle und der damit verbundene Fokus auf den Weg, wie Service Management Komponenten verbunden sind, besteht aus fünf Phasen:

- Service Strategy
- Service Design
- Service Transition
- Service Operation
- Continual Service Improvement

Service Strategy ist der Trigger des Lifecycles, der alle anderen Phasen antreibt. Hier werden Richtlinien und Ziele gesetzt. Die Phasen Service Design, Service Transition und Service Operation werden von dieser Strategie geführt. Ziel ist die fortwährende Anpassung und Veränderung.
Die Phase Continual Service Improvement steht für Lernen und Verbesserung und umschließt alle anderen Phasen des Lifecycles. Hier werden Verbesserungsprogramme und Projekte initiiert und priorisiert; basierend auf den strategischen Zielen der Organisation.

3.2 Prozesse der einzelnen Phasen im Überblick

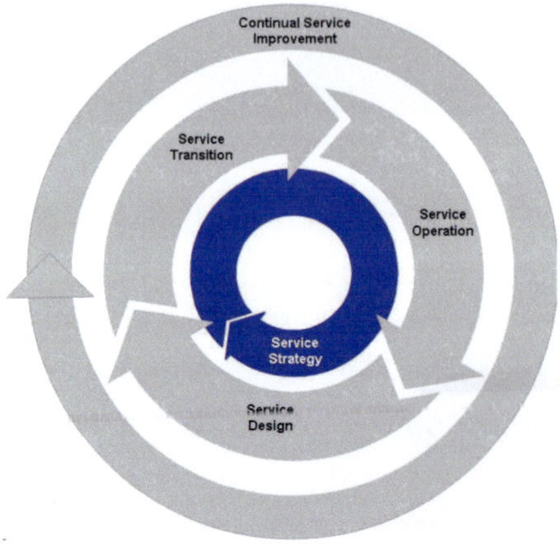

Service Strategy

- "Service Strategie Prozess"
- Service Portfolio Management
- Demand Management
- Financial Management

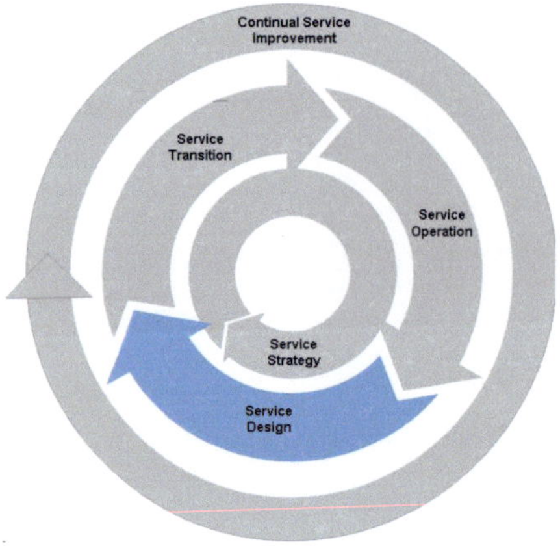

Service Design

- Service Catalogue Management
- Information Security Management
- Supplier Management
- Service Level Management
- Availability Management
- Capacity Management
- IT Service Continuity Management

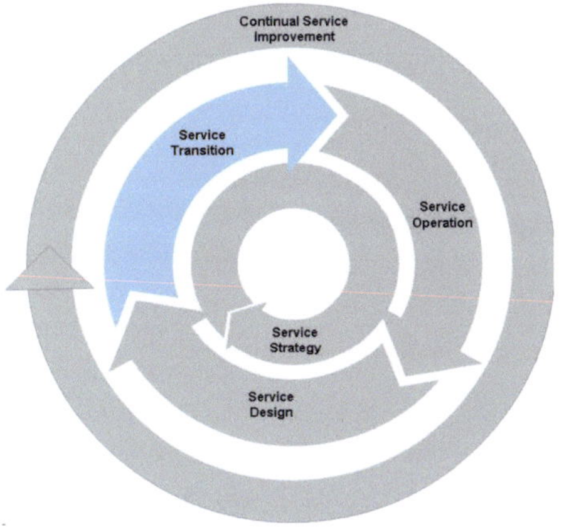

Service Transition

- Transition Planning & Support
- Change Management
- Service Asset & Configuration Management
- Release & Deployment Management
- Service Validation and Testing
- Evaluation
- Knowledge Management

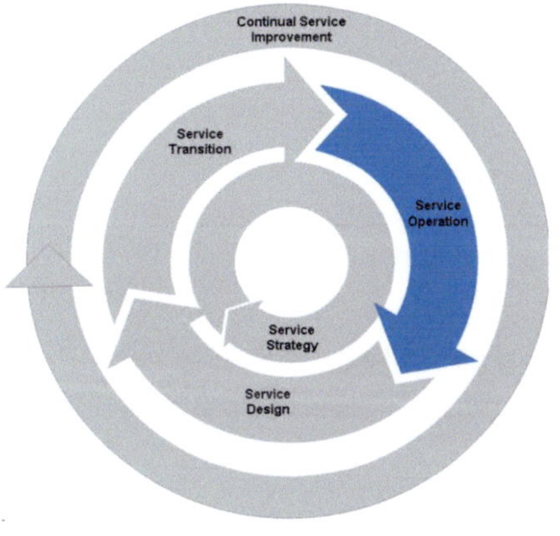

Service Operation

- Event Management
- Request Fulfilment
- Access Management
- Incident Management
- Problem Management

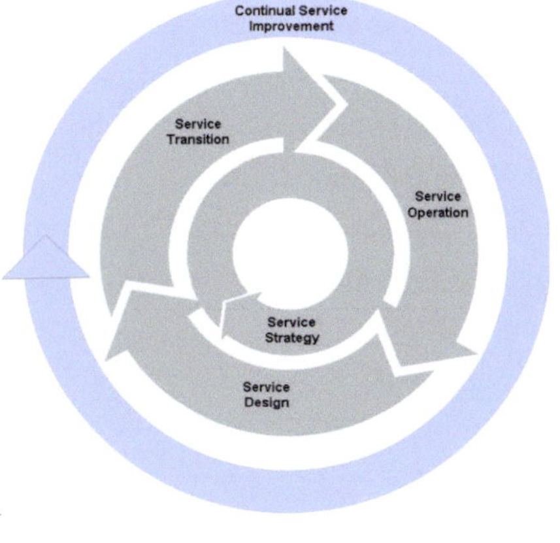

Continual Service Improvement

- 7 Step Improvement Process
- Service Reporting
- Service Measurement

Kapitel 4: Service Strategie

4.1 Ziele – Nutzen – Inhalt

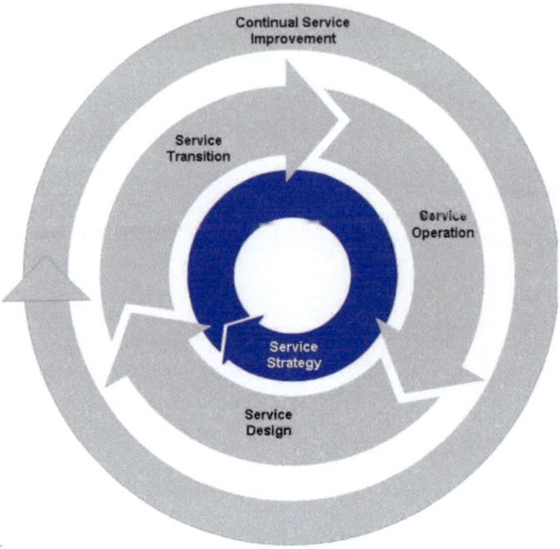

Service Strategie überführt die Serviceerbringung in ein strategisches Asset.
Es beschreibt den konzeptuellen und strategischen Hintergrund von IT-Dienstleistungen.

Als Dreh- und Angelpunkt des Lifecycles liefert Service Strategy Konzepte und Anleitungen zum Entwerfen, Entwickeln und Umsetzen des Service Managements als strategisches Asset.

Service Strategie gibt im Vergleich zu ITIL V2 eine kompakte und konkrete Basis zur strategischen Bewertung und damit der Grundausrichtung von IT Service Providern und deren Services zur Unterstützung des Business. Im Gegensatz zu ITIL V2 hat sich die IT von einer operativ fokussierten Aufgabe hin zu einer strategischen Herausforderung entwickelt zur Umsetzung des IT Business Alignment.
Gefordert wird das Denken in strategischen Assets als Basis für eine wettbewerbsfähige Serviceorganisation, die Mehrwert (oder Wertbeiträge) für das Business ihrer Kunden erzeugt.

Die Service Strategie Phase beschäftigt sich dabei z.B. mit folgenden Fragestellungen:

- Welche Services sollen wem angeboten werden?
- Wie kann sich ein Service Provider von Konkurrenten unterscheiden?
- Wie kann tatsächlicher Mehrwert für die Kunden generiert werden?
- Wie können Mehrwerte für die Stakeholder gesichert werden?
- Wie können strategische Investitionen in Service Management begründet werden?
- Wie kann mit Financial Management die Kontrolle über den Wertschöpfungsprozess gesichert werden?
- Wie ist Servicequalität zu definieren?

Daraus resultiert die Feststellung, dass ein Business Case das zentrale Instrument im Rahmen der Phase Service Strategy darstellt und somit die geschäftliche Rechtfertigung bzw. Anstoß des Handels für Erweiterungen im Rahmen der IT-Strategie.

Ziele & Nutzen

Ein „richtig formuliertes" Ziel oder der Nutzen werden in der originalen Literatur für diese Phase nicht beschrieben!
Die Antworten zu o.g. Fragen lassen allerdings eine Zielformulierung für den jeweiligen Bedarf und den Nutzen ableiten.

Inhalte

Service Strategie liefert Konzepte und Anleitungen für...

- Service Definitionen
- Service Management Strategien
- IT Service Governance und Erstellen von Zielvorgaben
- die Realisierung und Planung von Mehrwert
- die Verbindung von Geschäftsplänen mit den IT Service Strategien
- Service Grundmodelle

4.2 Grundbegriffe und Prinzipien

Die 4 P's (Positionen) der Strategie

Um eine Strategie zu formulieren kann das Prinzip der 4 P's angewendet werden:

- Perspektive - beschreibt die Vision und den klaren Fokus, den man hat.
- Position - beschreibt die Entscheidung, eine klare Haltung anzunehmen.
- Plan - beschreibt die Maßnahmen der Entwicklung der Organisation.
- Pattern (Muster) - beschreibt eine Reihe von stetigen Entscheidungen und Abläufen oder Aktionen.

→ Strategie als Perspektive

Strategie als Perspektive definiert die vorherrschenden Meinungen, Werte und Vorsätze, die von der Organisation geteilt werden. Perspektiven werden, anders als Pläne, Positionen und Muster, nicht gerne verändert.

Folgende Fragen können helfen eine Perspektive zu überprüfen:

- Umfasst die Perspektive alles was beabsichtigt wurde für die nächsten 3-5 Jahre?
- Ist sie klar und einprägsam?
- Hat sie die Fähigkeit Maßnahmen voranzutreiben?
- Setzt sie Grenzen in denen die Mitarbeiter frei experimentieren können?

→ Strategie als Position

Bei der Strategie als Position unterscheidet man drei verschieden Positionen:

- Variety based - Variantenbasierend
  legt den Schwerpunkt auf abweichende, sich ändernde Kundenbedürfnisse. Benötigt einen relativ schmalen Katalog an Services, die aber mit detaillierten Service Levels, Optionen und Paketen ausgestattet sind.

- Needs based - Bedarfsbasierend
  konzentriert sich darauf als Service Provider alle oder bestimmte Bedürfnisse eines bestimmten Kunden zu erfüllen.

- Access based - Zugriffsbasierend
  kennzeichnet die Fähigkeit des Service Providers Kunden mit bestimmten Bedürfnissen unter Berücksichtigung von Ort, Größe und Struktur zu bedienen.

→ Strategie als Plan

Strategie als Plan beschreibt eine Vorgehensweise von einem Punkt zum nächsten innerhalb eines wettbewerblichen Szenarios.
Jeder Plan konzentriert sich darauf gut definierte Ergebnisse oder Konditionen in einem bestimmten Kontext zu erzielen. Hauptinput sind häufig Ergebnisse aus strategischen Bewertungen.

→ Strategie als Pattern (Muster)

Strategie Muster zeigen die grundsätzliche Art und Weise die Dinge in einer Organisation zu tun und wie der Service Provider sein Geschäft betreibt. Management Systeme, die Organisation, Policies, Prozesse, Abläufe und Budgets sind wahrnehmbare Handlungsmuster die dokumentiert sind und gesteuert werden.
Die Muster sind nützlich, um besondere Chancen zu identifizieren. Nützliche Performance Muster können beibehalten werden und als wieder verwertbare Assets anderen Teilen der Organisation angeboten werden.

Business Case

Der Business Case ist das zentrale Instrument im Rahmen der Phase Service Strategie. Mit Hilfe des Business Case wird das Auftreten einer bedeutsamen Angelegenheit definiert. Er beinhaltet Informationen über wirtschaftliche Aspekte, Kosten, Nutzen, Optionen, Gefahren und mögliche Probleme.
Der Business Case ist ein Entscheidungs- und Planungswerkzeug und wird als ein grundlegender Anstoß des Handels im Rahmen der IT-Strategie genutzt.

Sourcing-Modelle

Service Strategy liefert übergreifende Handlungsanleitungen für alle Arten von Service Providern.

Aus der Sicht von ITIL V3 sind folgende Grundkonzepte zur Serviceerbringung („Sourcing-Modelle") beschrieben:

- Typ I: Intern – Business Function
  Ein innerbetrieblicher Provider, der in einer Geschäftseinheit eingebettet ist.
  Es kann verschiedene Typ I Service Provider innerhalb einer Organisation geben.
- Typ II: Intern – Shared Service Unit
  Ein innerbetrieblicher Serviceprovider, der gemeinsam genutzte IT Services für mehr als seine Geschäftseinheit anbietet.
- Typ III: Extern – External Service Provider
  Ein Serviceprovider, der die IT Services externen Kunden anbietet.

Service-Modelle

Servicemodelle kodifizieren die Servicestrategie für einen Marktraum. Sie sind im Prinzip Vorlagen, anhand derer Service Management Prozesse und Funktionen miteinander kommunizieren und zusammenarbeiten, um Werte zu schaffen. Servicemodelle beschreiben, wie Service-Assets mit Kunden-Assets interagieren und Werte für ein vorgegebenes Portfolio an Verträgen generieren:

Service-Modelle

- bestimmen die Service Strategie für einen Markt.
- beschreiben, wie Service Assets mit Kunden Assets verbunden werden und Nutzen generieren.
- bestimmen die Struktur und Dynamik von Services.
- unterliegen dem Change Management.

Utility & Warranty

Der (Mehr-)Wert eines Services kann immer nur vom Kunden selbst beurteilt werden. Dieser beurteilt den Service anhand der Utility (kann als Brauchbarkeit/Nützlichkeit übersetzt werden) und dessen Warranty (Gewährleistung/Zuverlässigkeit).

Fit for purpose – **Utility** (Nutzen/Brauchbarkeit/Nützlichkeit)
Der Service reflektiert die Anforderungen des Kunden so, dass ein positiver Effekt bzgl. des Outputs entsteht und dieser als nützlich wahrgenommen wird.

Ein positiver oder nützlicher Output ist dann für den Kunden gegeben, wenn durch den Service die Performance des Geschäftsprozesses unterstützt wird oder Beschränkungen beseitigt werden.

Fit for use – **Warranty** (Gewährleistung/Zuverlässigkeit/Garantie)
Der Service soll stabil und sicher bereitgestellt werden, d.h. der Service verfügt über das richtige Maß an Verfügbarkeit, ausreichender Kapazität, Kontinuität (K-Fall-Vorsorge) und Sicherheit.

Nur, wenn Utility UND Warranty bereitgestellt werden, wird durch den Service aus Sicht des Kunden ein Mehrwert generiert.

Service-Assets: Resources & Capabilities
Betriebsmittel (Resources) und Fähigkeiten (Capabilities) sind die Service-Assets des Serviceproviders. Diese und das richtige Zusammenspiel dieser sind notwendig, damit ein Service überhaupt eine Wertschöpfung erreichen kann.

Betriebsmittel (Resources) fließen direkt in die Produktion ein und helfen, einen Service zu liefern. Die Betriebsmittel werden auch als Assets einer Organisation bezeichnet.

Fähigkeiten (Capabilities) werden gebraucht, um die Betriebsmittel zu koordinieren, zu kontrollieren und einzusetzen. Fähigkeiten sind typischerweise erfahrungsabhängig, wissensintensiv, informationsabhängig und eng in die Systeme, Prozesse und Technologien der Organisation eingebettet. Sie entwickeln sich meist über Jahre hinweg und reifen.

<table>
<tr><th>Fähigkeiten (Capabilities)</th><th></th><th>Betriebsmittel (Resources)</th></tr>
<tr><td>Management</td><td></td><td>Finanzkapital</td></tr>
<tr><td>Organisation</td><td></td><td>Infrastruktur</td></tr>
<tr><td>Prozesse</td><td></td><td>Applikationen</td></tr>
<tr><td>Wissen</td><td></td><td>Informationen</td></tr>
<tr><td colspan="3">Mitarbeiter</td></tr>
</table>

Risiko

Unter Risiko versteht man die Unsicherheit des Ergebnisses im positiven wie im negativen Fall. Der Umgang mit Risiken erfordert deren Identifikation und Kontrolle, um die Auswirkungen auf das Erreichen der Geschäftsziele so gering wie möglich zu halten.

Man unterscheidet zwei Phasen: Risiko Analyse und Risiko Management:

- Die **Risiko Analyse** sammelt Informationen über den Grad der Risiken, so dass eine Organisation angemessen entscheiden und reagieren kann.
- **Risiko Management** beteiligt Prozesse an der Risikoüberwachung. Risiko Management betrifft Business Continuity Management (BCM), Security Management, Projekt Management und Operational Service Management.

4.3 Prozesse in Service Strategie

In der Phase Service Strategie unterscheidet man zwischen den 3 Prozessen

- Service Portfolio Management (SPM)
- Demand Management
- Financial Management

und den Hauptaktivitäten

- Define the market (Markt definieren)
- Develop the offerings (Angebote entwickeln)
- Develop strategic assets (Strategische Assets entwickeln)
- Prepare for execution (Vorbereitung zur Durchführung)

die in der Literatur auch gerne als „Service Strategie Prozess" betitelt werden.

All diese Prozesse sind in der Version 3 neu hinzugekommen. Selbst der Prozess Financial Management unterscheidet sich gegenüber der alten Version und ist um ein Vielfaches erweitert worden.

4.3.1 „Service Strategie Prozess"

→ **Define the market** (Markt definieren)

- Es gibt Strategien für Services und es gibt Services für Strategien.
  - Aus der einen Sicht werden Strategien entwickelt, um Services anzubieten.
  - Aus der anderen Sicht gilt Service Management als Kernkompetenz, um Services als Teil der Geschäftsstrategie anzubieten.
- Das Geschäft des Kunden verstehen.
- Die Möglichkeiten des Marktes verstehen.
- Erstellen eines Servicekataloges, der an den Bedürfnissen des Kunden ausgerichtet ist (Visualisieren und Klassifizieren).

→ **Develop the offerings** (Angebote entwickeln)

Entwerfen eines Service Porfolio, welches die Möglichkeiten und Fertigkeiten eines Service Providers, den Kunden und den Marktraum zu bedienen, repräsentiert.

Was für den Kunden als Bedarf identifiziert wird, wird als Markt Segment (engl. Market Spaces) definiert. Um Angebote dafür zu entwickeln braucht es, wie zuvor beschrieben ein Service Portfolio inkl. Service Katalog und Service Pipeline.

→ **Develop strategic assets** (Strategische Assets entwickeln)
Strategische Assets sind die Werte, die es einem Service Provider ermöglichen, die anforderungsgerechte Bereitstellung von Services in der richtigen Zusammenstellung zu liefern. Von strategischen Assets wird erwartet, dass sie bei geänderten Geschäftsanforderungen fortgesetzt werden und weiterhin auch konstante und gute Leistungen im Rahmen der Wertschöpfungskette für das Business erbringen.

→ **Prepare for execution** (Vorbereitung zur Durchführung)
- Ein strategisches Assessment durchführen – Was tun wir schon?
- Ziele setzen – Wo wollen wir hin?
- Kundenutzen und Service Assets verbinden – Was hat der Kunde davon?
- Kritische Erfolgsfaktoren definieren – Was passiert wenn?
- Investitionen planen – Was kostet was?
- Geschäftspotential erkunden – Wo stehen wir in der Welt?
- Kundenbedürfnisse verstehen – Wie geht es weiter?
- Wachstum und Entwicklung

4.3.2 Service Portfolio Management (SPM)

→ Ziel

Investitionen in Service Management über das ganze Unternehmen dynamisch zu steuern und deren Wert zu steigern.

→ Umfang

Das Service Portfolio unterstützt alle Prozesse und beschreibt den Mehrwert der zu erbringenden Services für den Kunden. Im Service Portfolio werden die Anforderungen des Kunden und die Angebote des Service Providers beschrieben.

Dabei werden folgende Fragen beantwortet:

- Warum soll ein Kunde diese (meine?) Services kaufen?
- Warum sollte er sie von mir kaufen?
- Welche Preis- und Rückvergütungsmodelle gibt es?
- Was sind meine Stärken, Schwächen, Möglichkeiten und Risiken (SWAT-Analyse)?
- Wie soll ich meine Ressourcen und Fähigkeiten einsetzen?

→ Aktivitäten

- **Definieren**

Man beginnt damit Informationen von allen betriebenen und von allen vorgeschlagenen Services zu sammeln.
Jeder Service im Portfolio beinhaltet einen Business Case.
SPM stellt den Rahmen für zukünftige Entscheidungen, die gemacht werden müssen.
Ein nützliches T ool über Zeitpunkt und Reihenfolge von Investitionen in das Service Portfolio heißt: Option Space. Ein Option Space kann Entscheidungen, wie und wann zu investieren ist, unterstützen.

- **Analysieren**

Beim Analysieren in Service Investments unterscheidet man drei strategische Konzepte:

- Run the business (RTB) – RTB Investitionen betreffen Wartungsarbeiten in Service Operations.
- Grow the business (GTB) – GTB Investitionen zielen darauf ab, den Umfang an Services einer Organisation zu erhöhen.

- Transform the business (TTB) – TTB Investitionen sind Investitionen in neue Markt Segmente.

- Zustimmen

Zustimmen bedeutet neue Services und Ressourcen zu autorisieren.
Existierende Services werden zu sechs Kategorien zugeordnet:

- Retain – Behalten
- Replace – Ersetzen
- Rationalize – Rationalisieren
- Refactor – Umbauen
- Renew – Erneuern
- Retire – Abbauen

- Umsetzen

Man beginnt mit einer Liste von Entscheidungen, die zu treffen sind und Punkten, die umzusetzen sind. Dies wird der Organisation klar und eindeutig kommuniziert.
Neu umzusetzende Services werden ins Service Design befördert.
Existierende Services werden im Service Katalog erneuert.

→ Rollen im Service Portfolio Management

Produkt Manager ...

... haben eine Schlüsselrolle innerhalb des SPM.

... sind für den Service als Produkt über den gesamten Lebenszyklus von der Konzeption bis zum Abbau verantwortlich.

... koordinieren den Service Katalog (Ownership des Service Katalogs).

... bewerten neue Marktangebote, Betriebsmodelle, Technologien und die Bedürfnisse der Kunden.

... arbeiten eng mit Business Relationship Managern (BRM) zusammen, um das Kunden Portfolio zu koordinieren.

... sind die Sachgebietsexperten der Lines of Services und des Service Katalogs.

... haben einen konsolidierten Blick auf die Kosten und Risiken einer Line of Service.

4.3.3 Demand Management

→ Ziel

Das Anforderungsmanagement (Demand Management) stellt sicher, dass bei synchroner Produktion und Verbrauch von IT Services, der Bedarf gedeckt wird.

→ Aktivitäten

Activity based Demand Management

- Beschreibt aus strategischer Sicht die Wichtigkeit, die Geschäftsaktivitäten des Kunden zu kennen, um daraus Anforderungen an die Services zu generieren.
- Dabei wird ein Muster der Geschäftsaktivitäten erstellt. (Pattern of Business Activity (PBA))
- Kann Anforderungsmuster (demand pattern) in Reihe schalten, um sicherzustellen, dass die Geschäftspläne des Kunden mit den Service Management Plänen des Providers synchronisiert werden.

Muster von Geschäftsaktivitäten und User Profile

- Kunden Assets wie Menschen, Prozesse und Applikationen generieren ein Muster an Geschäftsaktivitäten. (Patterns of Business Activity (PBA))
- PBA definiert die Dynamik des Business und beinhaltet das Zusammenspiel mit Kunden, Lieferanten, Partnern und anderen Stakeholdern.
- User Profile (UP) basieren auf Rollen und Verantwortlichkeiten innerhalb der Organisation.
- Jedes UP kann mit einem oder mehreren PBA assoziiert werden.

Service packages

- 'Core Services' (Kern-Services) liefern den eigentlichen Wert-Beitrag für den Kunden.
- 'Supporting Services' (Unterstützende Services) unterstützen oder erhöhen den Wert-Beitrag.

=> Es sollten differenzierbare Angebote gemacht werden.
Beispiel: Ein „Core Service" wird mit verschiedenen „Supporting Services" gebündelt.

- Grundbedürfnisse des Kunden werden durch Service Packages, die aus einem oder mehreren Service Level Packages (SLP) bestehen, abgedeckt. (z.B.: Availability SLP, Security SLP...)
- Jedes SLP stellt ein definiertes Level an Nützlichkeit (utility) und Gewährleistung (warranty) zur Verfügung.
- Jedes SLP ist in der Lage ein oder mehrere Anforderungsmuster (patterns of demand) zu erfüllen.

4.3.4 Financial Management

→ Ziel

Informationsbereitstellung über sämtliche (geplanten und tatsächlichen) IT Ausgaben, sowie Zuordnung dieser Kosten zu den gelieferten Services, um somit eine Weiterberechnung zu ermöglichen.

→ Umfang

- **Service Valuation**

  FM kalkuliert den monetären Wert eines Services oder Servicekomponente. Das Hauptziel des Service Valuation besteht darin, den Services einen Wert zu geben, der vom Kunden als fair empfunden wird und die B Bedürfnisse des Providers erfüllt.

- **Demand modelling**

  FM quantifiziert die Finanzierungsmöglichkeiten aus wechselnden Kundenanforderungen.

- **Service Portfolio Management**

  FM unterstützt Service Portfolio Management mit Plänen zum Benchmarking.

- **Service provisioning optimization**

  Untersucht die finanziellen Alternativen von Services, typisch: Vor der Ausmusterung stehende Services.

- **Planning confidence**
  FM garantiert Planungssicherheit bei Compliance, Anforderungen und operativ.

- **Service investment analysis**
  FM stellt analytische Modelle und Wissen zur Verfügung, um den Return on Invest eines Service zu analysieren.

- **Accounting**
  FM spielt eine Übersetzerrolle zwischen der traditionellen Buchhaltung des Unternehmens und dem Service Management.

- **Compliance**
  FM garantiert die Einhaltung internationaler Standards und Richtlinien.

- **Variable Cost Dynamics**
  Untersucht und analysiert alle Variablen, die einen Service ausmachen oder schädigen können.

Kapitel 5: Service Design

5.1 Ziele – Nutzen – Inhalt

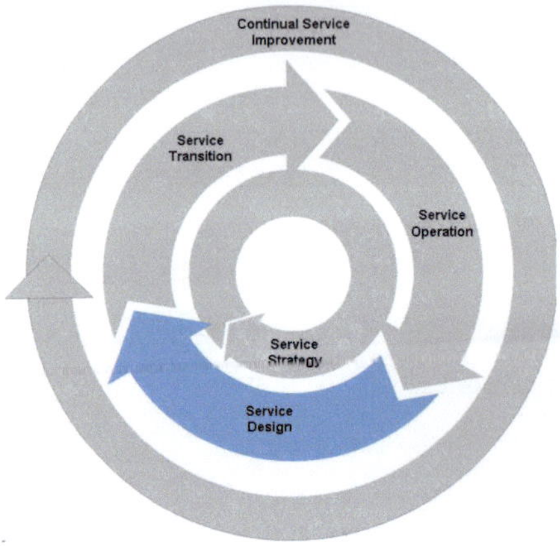

Service Design definiert und designed/entwirft Services und Service Assets (Policies, Architekturen und Portfolio) auf Basis der strategischen Ziele und Business Requirements.

Ziele

- Entwerfen von angemessenen und innovativen IT Services inkl. Architektur, Prozesse, Policies und Dokumentationen, um jetzige und zukünftige Geschäftsanforderungen zu unterstützen.
- Services sind so gestaltet, dass sie leicht zu entwickeln sind und innerhalb der vereinbarten Zeiten und Kosten bleiben.
- Entwerfen von effizienten und effektiven SM Prozessen.
- Identifizieren und steuern von Risiken.
- Entwerfen einer sicheren Infrastruktur.
- Entwerfen von Kennzahlen und Messmethoden.
- Erstellen und warten von IT Plänen.
- Assistieren bei der Entwicklung von Policies und Standards.
- Ausbau von Können und Fähigkeiten (Skills).

Nutzen

- Reduzierung der TCO
- Verbesserung der Service Qualität
- Verbesserte Service Beschaffenheit (Konsistenz)
- Leichteres Implementieren neuer oder geänderter Services
- Verbesserte Service Ausrichtung
- Effektivere Service Leistungen
- Verbesserte IT Governance
- Effektiveres Service Management und IT Prozesse

Inhalt

Service Design liefert Konzepte und Anleitungen für...

- den Service Lifecycle
- Service Design Ziele
- Service Design Elemente
- die Auswahl eines Service Design Models
- Sourcing-Modelle
- Service Anforderungen

5.2 Grundbegriffe und Prinzipien

Die Design Phase sollte 5 wichtige Aspekte/Prinzipien berücksichtigen:

1. Service Lösungen

Ein strukturierter Entwicklungsansatz ist notwendig, um einen neuen Service mit den richtigen Kosten, Funktionalitäten und mit der richtigen Qualität herzustellen. Dazu gehören auch die funktionalen Anforderungen mit allen Ressourcen und Fähigkeiten, die gebraucht und abgestimmt werden müssen. Dieser Prozess muss iterativ und stufenweise beschaffen sein, um die wechselnden Kundenwünsche und Anforderungen zu befriedigen.

Es ist wichtig ein Service Design Package (SDP) mit allen Aspekten des (neuen oder geänderten) Service und seiner Anforderungen während jeder Phase des Lebenszyklus, zusammenzustellen.

2. Service Portfolio

Das Service Portfolio unterstützt alle Prozesse und beschreibt den Mehrwert der zu erbringenden Services für den Kunden. Im Service Portfolio werden die Anforderungen des Kunden und die Angebote des Service Providers beschrieben. Jederzeit ist das Portfolio in der Lage zu bestimmen in welcher Phase sich ein Service befindet; von Definieren der Anforderungen bis Serviceabbau.

Dabei werden folgende Fragen beantwortet:

- Warum soll ein Kunde diese (meine?) Services kaufen?
- Warum sollte er sie von mir kaufen?
- Welche Preis- und Rückvergütungsmodelle gibt es?
- Was sind meine Stärken, Schwächen, Prioritäten und Risiken?
- Wie soll ich meine Ressourcen und Fähigkeiten einsetzen?

3. Architektur und Technologie

Die Aktivitäten beinhalten die Vorbereitung von Entwürfen (Blueprints) für die Entwicklung und den Einsatz von Infrastruktur, Applikationen, Daten und physischer Umgebung (gemäß den Anforderungen des Business).

4. Prozessdesign

In dem man die Aktivitäten der einzelnen Phasen des Lebenszyklus definiert, sowie den Input und Output beschreibt, ist es möglich, effizienter und effektiver und vor allem kundenorientierter zu arbeiten.
Die jetzige Qualität der Prozesse und deren Verbesserungsoptionen werden bewertet. Dazu kommen im nächsten Schritt Normen und Standards, die etabliert werden wollen. Auf diese Weise kann eine Organisation ihre Qualitätsanforderungen mit dem Output verknüpfen. Dieser Ansatz folgt Deming's „Plan-Do-Check-Act" Mangement Cycle.

5. Design von Kennzahlen und Metriken

Um die Entwicklungsprozesse von Services effektiv führen und steuern zu können, muss eine regelmäßige Bewertung der Servicequalität durchgeführt werden.
Das gewählte Bewertungssystem muss an der Kapazität und Reife der zu bewertenden Prozesse ausgerichtet sein.

Dabei gibt 4 Arten von Kennzahlen, um die Leistungsfähigkeit eines Prozesses zu messen und zu bewerten:

- **Fortschritt:** Meilensteine und Ergebnisse
- **Compliance:** Einhaltung der Unternehmensanforderungen, gesetzlichen Bestimmung.
- **Effektivität:** Die Genauigkeit und Fehlerfreiheit des Prozesses und dessen Fähigkeit die "richtigen Ergebnisse" zu liefern.
- **Effizienz:** Produktivität des Prozesses, Geschwindigkeit, Durchsatz und Ressourcenauslastung.

Die effektivste Methode um Kennzahlen zu erheben ist die Etablierung eines „Kennzahlen-Baumes" (KPI-tree).

Die Frage, wie und welches Modell für die Entwicklung von IT Services genutzt werden soll, hängt vom gewählten **Service Delivery Modell** (oder Sourcing Modell) ab.

Folgende Modelle sieht ITIL V3 vor:

- **In-sourcing** – Interne Ressourcen werden genutzt für Design, Entwicklung, Wartung, Betrieb und/oder Support des Services.
- **Outsourcing** – Eine externe Organisation wird eingeschaltet für Design, Entwicklung, Wartung, Betrieb und/oder Support des Services.
- **Co-sourcing** – Eine Kombination von In-sourcing und Outsourcing indem verschiedene Outsourcing Organisationen während des gesamten Lifecycle kooperativ zusammenarbeiten.
- **Multi-sourcing** – (oder Partnerschaft) Mehrere Organisationen unterzeichnen formale Vereinbarungen zu strategischen Partnerschaften (Schaffen neuer Märkte).
- **Business Process Outsourcing (BPO)** – Eine externe Organisation betreibt und steuert an einem billigeren Standort die Geschäftsprozesse einer anderen Organisation (oder Teile davon).
- **Application Service Provision** – Computer basierende Services werden dem Kunden über ein Netzwerk angeboten.
- **Knowledge Process Outsourcing (KPO)** – Prozess- oder Domainwissen wird angeboten.

Bei der Planung und Entwicklung sollte ebenfalls das **Prinzip der 4P's** mit einbezogen werden, denn viele Entwürfe, Pläne und Projekte scheitern an mangelhafter Vorbereitung und Umsetzung im Zusammenspiel dieser 4 Aspekte: **P**eople (Mitarbeiter), **P**rozesse, **P**rodukte (Services, Technologie) und **P**artner (Lieferanten, Hersteller).

Als die wichtigsten Grundbegriffe dieser Phase wären der **Service Katalog** und das **Service Design Package** (SDP) zu nennen:

Service Katalog

Der Service Katalog wird i.d.R. in 2 „Kataloge" oder Sichten geteilt:

→ Business Service Katalog

Beinhaltet Details aller Services für den Kunden. Dies ist die Kundensicht auf den Service Katalog.

→ Technical Service Katalog:

Unterstützt den Business Service Katalog aus technischer Sicht.

Service Design Package (SDP)

Ein "Service Design Paket" wird während der Design Phase erstellt.

Und zwar

- für jeden neuen Service
- für Major Changes an Services
- für Änderungen am SDP selbst

Dieses Paket wird während des gesamten Lifecycles mit allen Details des betroffenen Service von Service Design an Service Transition übergeben

5.3 Prozesse in Service Design

5.3.1 Service Catalogue Management (SCM)

→ Ziel

Das Ziel von SCM ist die Entwicklung und Wartung eines Servicekatalogs, der alle Details und den Status aller betriebenen und kurz vor der Auslieferung stehenden Services sowie die Geschäftsprozesse, die sie unterstützen, beinhaltet.

→ Umfang

SCM ist die zentrale Quelle für Informationen über alle bereitgestellten IT Services des Service Providers und ermöglicht allen Parteien ein einheitliches Bild auf die IT Services, deren Details und Status.
Der Service Katalog ist Teil des Service Portfolios, sichtbar für den Kunden. Er besteht aus den gegenwärtig aktiven Services aus der Service Operation Phase und ist die einzige Ressource, welche beständige Informationen über alle Services des Service Provider enthält. Der Katalog sollte jeder autorisierten Person zugänglich sein.

→ Aktivitäten

- Definieren des Services.
- Produktion und Aufrechterhaltung eines genauen Servicekatalogs.
- Informationen über den Servicekatalog dem Stakeholder zur Verfügung stellen.
- Managen des Zusammenspiels, der gegenseitigen Abhängigkeiten, der Beständigkeit und der Überwachung des Service Portfolio.
- Managen des Zusammenspiels und der gegenseitigen Abhängigkeiten zwischen Services und unterstützenden Services im Servicekatalog und Überwachung des CMS.

→ Rollen

Der **Service Catalogue Manager** stellt sicher, dass

- alle aktiven Services im Service Katalog aufgenommen sind.
- alle Informationen im Service Katalog korrekt sind.
- alle Informationen im Service Katalog mit dem Service Portfolio konsistent sind (Abgleich).
- alle Informationen im Service Katalog geschützt und gesichert sind.

5.3.2 Information Security Management

→ Ziel

Die IT Security deckt sich mit der Business Security und stellt sicher, dass Information Security in allen Service und Service Management Aktivitäten effektiv gesteuert wird.
Dazu gehört die zentrale Steuerung aller Aspekte der IT und Informationssicherheit sowie die Schaffung von Bewusstsein für Security in allen IT Services.

→ Umfang

- Information Security Policy
- Information Security Management System (ISMS)
- Aussagekräftige Security Strategie (abgeleitet von den Geschäftszielen und Strategien)
- Effektive Sicherheitsstrukturen und Kontrollen
- Risikomanagement
- überwachte Prozesse
- Kommunikationsstrategie
- Trainingsstrategie

Das ISMS stellt die Basis für die wirtschaftliche Entwicklung des Information Security Programms dar, welches die Geschäftsziele unterstützt.

→ Aktivitäten

- Steuerung
- Planung
- Implementierung
- Evaluieren
- Aktualisierung

Steuerung (Control)

Organisation und Steuerung des Prozesses selbst.

Hierzu wird ein Rahmen geschaffen, der sich mit der Einführung, Umsetzung, Evaluierung, daraus resultierender Aktualisierung und letztlich dem Reporting der Security Pläne auseinandersetzt.

Ebenso werden die Subprozesse, Funktionen, Rollen, Verantwortlichkeiten definiert und beschrieben.

Planung (Plan)

- Erstellung der Security-Paragraphen in den SLAs, unter Federführung des Service Level Managements.
- Unterstützung beim Abschluss sicherheitsrelevanter UCs (Underpinning Contracts).
- Enge Abstimmung mit dem Service Level Management.
- Die allgemeinen Sicherheitsanforderungen aus einem SLA werden in OLAs (Operational Level Agreements) auf Betriebsebene näher spezifiziert und detailliert.
- Planung allgemeiner Sicherheitsgrundsätze, die allen Kunden angeboten werden können (Grundschutz).

Implementierung (Implement)

Umsetzung, der in den Sicherheitsplänen festgelegten Maßnahmen.

Hierzu gehören u.a:

- Schaffung von Awareness
- Registrierung und Abwicklung von Security Incidents
- Personelle Sicherheit
- Zugriffsschutz

Evaluieren (Evaluate)

Bewertung/Überprüfung der implementierten Maßnahmen; u.a. auf Grund gemeldeter Security Incidents. Dabei unterscheidet man 3 Typen:

- interne Audits (Reviews durch interne Auditoren)
- externe Audits (Reviews durch externe Auditoren)
- Selbsteinschätzung (Reviews durch die Linienorganisation selbst)

Aktualisierung (Maintain)

Fortlaufende Aktualisierung der Security Paragraphen in den SLAs und den entsprechenden Verfahrensbeschreibungen (Sicherheitshandbücher).

Diese Aktualisierung ist das Ergebnis des einfließenden Inputs aus:

- dem Subprozess „Evaluierung"
- neuen Kundenanforderungen (durch geänderte SLAs)
- neuen Risiken durch geänderte IT-Infrastruktur

→ Rollen

Security Manager

- Entwicklung und Wartung der Information Security Policy.
- Kommunizieren und veröffentlichen der Information Security Policy an alle Beteiligten.
- Sicherstellen, dass die Security Policy durchgesetzt und befolgt wird.
- Identifizieren und klassifizieren von IT und Information Assets (CIs) sowie deren Schutzlevel.
- Assisitieren bei der Business Impact Analyse.
- Durchführen der Security Risk Analyse und des Risk Managements.
- Entwerfen von Sicherheitskontrollen und Sicherheitsplänen.
- Entwickeln und dokumentieren von Verfahren zur Steuerung der Sicherheit.
- Monitoring und steuern aller Sicherheitsverletzungen und Bearbeitung der Security Incidents.
- Reporting, Analyse und Rückgang der Auswirkungen aller Security Incidents zusammen mit Problem Management.
- Fördern des Verständnisses und des Bewusstseins für Sicherheit.
- Sicherstellen, dass alle Changes nach Sicherheitsaspekten bewertet werden.
- Durchführen von Sicherheitstests.

5.3.3 Supplier Management

→ Ziele

Supplier Management stellt sicher, dass Lieferanten ihre Services mit hoher Qualität und kostengünstig zur Verfügung stellen.

Dabei werden folgende Punkte berücksichtigt:

- **Besseres Preis-Leistungsverhältnis** mit Lieferanten.
- Die **Beziehung** zum Lieferanten und dessen **Performance ist klar beschrieben.**
- Es ist sichergestellt, dass Lieferanten einen **Mehrwert** für Services liefern, der an den **Bedürfnissen des Kunden ausgerichtet** ist.
- Alle Verträge und Vereinbarungen unterliegen dem **Lifecycle Konzept**.
- Eine Lieferanten **Policy und eine Lieferantendatenbank** (Supplier and Contract Database (SCD)) ist erstellt.

→ Umfang

- Supplier Management muss die Supplier und die Services steuern, die sie anbieten, mit dem Ziel beständige Qualität zu einem angemessenen Preis zu beziehen.

- Alle Aktivitäten in diesem Prozess müssen aus der Supplier Strategie und der Service Strategy Richtlinie resultieren.

- Eine Supplier- und Vertragsdatenbank (SCD) muss erstellt werden und folgenden Umfang abdecken:

  - Kategorisierung der Lieferanten
  - Wartung der Supplier- und Vertragsdatenbanken
  - Evaluierung und Bildung neuer Lieferanten und Verträge
  - Bildung neuer Supplierbeziehungen
  - Management der Lieferantenleistung und deren Verträge
  - Erneuerung oder Kündigung laufender Verträge

→ Aktivitäten

- Business Anforderungen identifizieren - Erstellen eines Anforderungsprogrammes. Konformität zwischen Strategie und Richtlinie sicherstellen. Entwickeln eines Business Case für den Kunden.
- Beurteilen und auswählen neuer Supplier – Neue Geschäftsanforderungen identifizieren und neue Supplier als Teil des Service Design Prozess beurteilen.
- Kategorisieren der Supplier und Verträge
- Einführung neuer Supplier und Verträge – Um ein klares Bild der Auswirkung neuer Lieferanten und Verträge zu erhalten, müssen diese über den Change Management Prozess der Supplier- und Vertragsdatenbank hinzugefügt werden.
- Steuern der Performance der Supplier und Verträge – Auf einem betrieblichen Level, müssen die integrierten Prozesse der Kundenorganisation und die der Lieferanten effizient funktionieren.
- Erneuern oder beenden des Vertrages – Auf einem strategischen Level müssen sie darauf achten, wie der Vertrag wirkt und wie relevant er in Zukunft sein wird, ob Veränderungen notwendig sind und was die kommerzielle Performance des Vertrages ist.

→ Rollen

Supplier Manager

- Sicherstellen eines (akzeptablen) Preis-Leistungs-Verhältnisses.
- Sicherstellen, dass alle Lieferanten-Prozesse konsistent sind und Schnittstellen zu den Lieferanten-Prozessen des Unternehmens haben.
- Wartung der Lieferantendatenbank (SCD).
- Regelmäßige Bewertung und Risikoanalyse aller Lieferanten und Verträge.
- Sicherstellen, dass alle Verträge, Vereinbarungen oder SLAs an den Bedürfnissen des Kunden entwickelt werden.

5.3.4 Service Level Management (SLM)

→ Ziele

Das Service Level Management verfolgt folgende Ziele:

- Vereinbarung, Definition, Überwachung, Messung, Review und Report der bereitgestellten IT Services zwischen der IT-Organisation und den Kunden.
- Sicherstellung, dass messbare Ziele für alle IT Services entwickelt werden.
- Überwachung und Verbesserung der Kundenzufriedenheit mit den IT Services.
- Sicherstellung, dass die Kunden und die IT-Organisation ein klares und eindeutiges Verständnis von den bereitgestellten Services haben.
- Einleiten von proaktiven Maßnahmen zur Verbesserung der Servicequalität.
- Erfassen, Vereinbaren und Dokumentieren von Kundenanforderungen, den sogenannten Service Level Requirements (SLR, Serviceanforderungen des Kunden).
- Verfassen der Service Level Agreements (SLA) mit den Kunden sowie deren periodische Überprüfung.
- Konzipieren und Dokumentieren von internen Vereinbarungen – den Operational Level Agreements (OLA) – im Rahmen der Serviceerstellung sowie Integration von externen Partnern (siehe auch Supplier Management).

→ Umfang

Der Service Level Management-Prozess hält das Gleichgewicht zwischen den Anforderungen des Kunden und den Möglichkeiten der IT-Organisation. Durch eine kontinuierliche Abstimmung und Überwachung der Vereinbarungen sorgt dieser Prozess für die Erhaltung und die sukzessive Verbesserung der Servicequalität.

Service Level Management formalisiert die Beziehung zwischen der Kundenorganisation und der IT-Organisation und stellt damit sicher, dass sich beide Parteien (der Kunde und die IT) gemeinsam für die Ausprägung der IT-Services verantwortlich fühlen.

Neu in der Version 3 ist, dass für die durchgängige Serviceerbringung und deren dahinterliegenden Vereinbarungen mehrere Prozesse zuständig sind:

Version 2:
Kunde ⇔ Service Level Management ⇔ Lieferanten

Version 3:
Kunde ⇔ Service Level Management || Service Portfolio Management (?) || Service Catalogue Management || Supplier Management ⇔ Lieferanten

→ Schlüsselbegriffe

Service Level Requirements (SLR)
In den Service Level Requirements werden die Anforderungen des Kunden hinsichtlich seiner benötigten IT Services beschrieben.

Service Level Agreement (SLA)
In einem SLA sind die qualitativen und quantitativen Vereinbarungen zwischen dem Kunden und der IT-Organisation hinsichtlich der zu leistenden IT Services festgelegt. Ein SLA lässt sich grundsätzlich in einen Leistungsbereich (Inhalt und Leistungsparameter) und in einen kaufmännischen und juristischen Bereich unterteilen. SLAs weisen meist eine servicebasierte (ein SLA für einen Service) oder eine kundenbasierte (ein SLA für alle Services eines Kunden) Struktur auf. Eine weitere mögliche Struktur ist die Multi-Level-Struktur. Dabei werden oftmals übergeordnete Rahmenverträge verhandelt, die die grundlegenden Strukturen (kaufmännisch / juristisch) beschreiben (Corporate Level). Die darauf basierenden Serviceleistungen werden als „Leistungsschein" beigelegt und ergänzen somit den Vertrag.

Operational Level Agreement (OLA)
Ein OLA ist eine nach innen gerichtete Vereinbarung (ohne juristischen Anteil) zwischen den internen Fachbereichen der IT-Organisation über die Erstellung und Erbringung eines Teilservices zur Erfüllung eines SLA.

Underpinning Contract (UC)

Ein UC – in der Literatur zur Version 3 auch nur noch „Verträge" (Contract) genannt - ist eine extern gerichtete Vereinbarung mit einer dritten Partei (externer Dienstleister/Lieferant) über die Lieferung von definierten Services als Teilerbringung eines SLA gegenüber dem Kunden.

Service Improvement Program (SIP)

(Internes) Projekt zur Optimierung eines Service, z.B. zur Erreichung der Service Level und/oder der Kostenoptimierung.

5.3.5 Availability Management

→ Ziele

- Gewährleisten der vereinbarten Serviceverfügbarkeiten durch Bereitstellung kosteneffektiver und gleich bleibender Verfügbarkeitslevel, gemäß der vereinbarten SLAs.
- Sicherstellen, dass der vereinbarte Service Level für alle Services kosteneffektiv zur Verfügung gestellt wird und dass die Anforderungen des Business an Verfügbarkeit eingehalten oder übertroffen werden.

⇨ Availability Management sieht sich damit als Schwerpunkt für alle verfügbarkeitsrelevanten Themen bei Services und Ressourcen und stellt sicher, dass die Verfügbarkeitsziele aus allen Gebieten gemessen und erreicht werden.

→ Umfang / Aktivitäten

Der Availability Management Prozess unterscheidet sich in zwei Ebenen und besitzt 2 Ausprägungen in den Aktivitäten.

Ebene 1: **Serviceverfügbarkeit** (Service Availability)
Beinhaltet alle Aspekte der Serviceverfügbarkeit und Nichtverfügbarkeit sowie die Auswirkung einer Komponentenverfügbarkeit oder die potenzielle Auswirkungen einer Komponenten-Nichtverfügbarkeit auf die Serviceverfügbarkeit.

Ebene 2: **Komponentenverfügbarkeit** (Component Availability)
Beinhaltet alle Aspekte der Komponentenverfügbarkeit und Nichtverfügbarkeit der Komponenten.

Im Availability Management unterscheidet man zudem zwischen den **reaktiven Aktivitäten** (Monitoring, messen, analysieren, Events steuern etc.) und den **proaktiven Aktivitäten** (Planung, Design, Verbesserung etc.).

→ Schlüsselbegriffe

Availability Management Information System (AMIS)

Das AMIS ist ein virtueller Ablageort aller Availability Management Daten, die normalerweise in verschiedenen physikalischen Orten abgelegt sind.

Availability Plan

Der Availability Plan hat das Ziel, die gegenwärtigen und zukünftige Gesamtverfügbarkeit der IT Infrastruktur zu verbessern.

Verfügbarkeit (Availability)

Fähigkeit einer Komponente oder eines Services, seine geforderte Funktionalität zu einem bestimmten Zeitpunkt oder für eine bestimmte Zeitdauer zu erfüllen.

Zuverlässigkeit (Reliability)

Fähigkeit einer Komponente oder eines Services betriebsbereit (und somit frei von Fehlern) zu bleiben.

Wartbarkeit (Maintainability)

Fähigkeit einer Komponente oder eines Services den Zustand des produktiven Betriebes beizubehalten oder wieder in diesen versetzt zu werden.

Servicefähigkeit (Serviceability)

Servicefähigkeit, basierend auf Drittverträgen mit externen Lieferanten/Dienstleistern. Die Verantwortung für Availability, Reliability und Maintainability einer Komponente oder eines Services hat dann der externe Lieferant/Dienstleister und nicht die IT Organisation.

Im Prinzip hat sich im Prozess Availability Management in der Version 3 nichts Grundlegendes geändert!
Neu ist die Unterscheidung der beiden Ebenen Service- und Komponentenverfügbarkeit.

5.3.6 Capacity Management

→ Ziel

Rechtzeitige und kosteneffektive Bereitstellung von IT Kapazitäten zur Abdeckung der gegenwärtigen und zukünftigen geschäftlichen Anforderungen des Kunden.

→ Umfang

Das Capacity Management stellt sicher, dass

- ein aktueller Kapazitätsplan, der den jetzigen und zukünftigen Anforderungen des Kunden entspricht, erstellt wurde.
- die Kapazität von Services und Ressourcen gleichermaßen gesteuert wird.
- performance- und kapazitätsbedingte Störungen analysiert werden.
- Auswirkungen von Changes auf den Kapazitätsplan und auf alle Services und Ressourcen bewertet werden.
- proaktive Maßnahmen zur Verbesserung der Performance implementiert werden.

→ Subprozesse /Aktivitäten

- Review der jetzigen Kapazität & Performance
- Verbessern der jetzigen Service- & Komponentenkamapzität
- Bewerten, vereinbaren und dokumentieren neuer Anforderungen
- Planen neuer Kapazität

Unterstützt werden diese Aktivitäten durch verschiedene Capacity Management Tools, Prognosen, den Kapazitätsplan sowie das CMIS.

→ Capacity Management Information System (CMIS)

Ein virtueller Speicherort für sämtliche Capacity Management Daten, der in der Regel an mehreren physischen Standorten abgelegt wird. Anhand dieser Daten können Forecasts sowie der Kapazitätsplan erstellt werden.

→ Subprozesse (Business, Service und Component Capacity Management)

Business Capacity Management

Planung, Überwachung und Implementierung von IT Kapazität, basierend auf den gegenwärtigen und zukünftigen Geschäftsanforderungen des Kunden.

Service Capacity Management
Planung, Überwachung und Implementierung von IT Kapazität, bezogen auf einzelne Services.

Component Capacity Management (in ITIL V2: Resource Capacity Management)
Planung, Überwachung und Implementierung von IT Kapazität, bezogen auf technische Komponenten.

→ Rollen

Der **Capacity Manager**

- stellt sicher, dass ausreichende IT Kapazitäten zur Verfügung stehen, um die Service Level einzuhalten.
- berät das IT Management, wie z.B. Kapazitäten am Bedarf orientiert werden.
- berät das Service Level Management beim Erstellen angemessener Service Level.

5.3.7 IT Service Continuity Management (ITSCM)

→ Ziel

Wiederherstellung aller notwendigen IT technischen und servicespezifischen Einrichtungen während einer Katastrophe/eines Katastrophenszenarios, innerhalb der vereinbarten Zeit, zur Unterstützung des übergreifenden Business Continuity Managements (BCM).

→ Aktivitäten

Einführung

- Aufsetzen des Business Continuity Managements (BCM) mit festgelegten Grundsätzen/Rahmen, Klärung von Auftrag und Umfang, geplanten Geldern und Mitarbeiter etc.

Anforderung und Strategie

- Analyse der geschäftskritischen Prozesse und die Auswirkungen einer Katastrophe auf das Unternehmen (Business Impact Analyse)
- Durchführung einer Risikobewertung (Risk Assessment)
- Strategie für den Katastrophenfall festlegen (Business Continuity Strategy)

Implementierung

- Implementierung von risikominimierenden Maßnahmen
- Standby Optionen implementieren
- Erstellung spezieller Prozeduren (z.B. Installation von Ersatzhardware, konsistente Datenwiederherstellung)
- Durchführung unterschiedlicher Testreihen

Operativer Betrieb

- Durchführung regelmäßiger Audits
- Einbeziehen des Change Management Prozesses
- Training für IT und Nicht-IT Mitarbeiter durchführen
- Qualitätssicherung z.B. durch Review und Audits
- Schaffung von Bewusstsein für die Bedeutung des ITSCM

→ Rollen → IT Service Continuity Manager

- Einführen und warten des Prozesses
- Ausrichten an den Anforderungen des Business Continuity Managements
- Vertretung der IT Services beim Business Continuity Prozess

Kapitel 6: Service Transition

6.1 Ziele – Nutzen – Inhalt

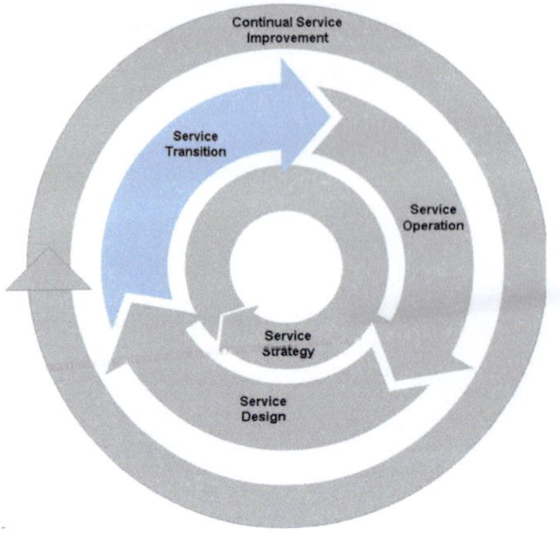

Service Transition stellt sicher, dass die Designs der strategischen Anforderungen auf Basis definierter Zeitpläne effektiv für den operativen Betrieb unter Berücksichtigung von Risiken und Abhängigkeiten bereitgestellt werden.

Ziele

- Steuern und Planen von Ressourcen, um erfolgreich neue oder geänderte Services innerhalb der veranschlagten Kosten, Qualität und Zeit in Produktion zu bringen.
- Sicherstellen, dass unvorhergesehene Auswirkungen minimal bleiben.
- Erhöhung die Zufriedenheit der Kunden, Benutzer und Service Management Mitarbeiter.
- Bereitstellen von verständlichen Plänen, die es dem Kunden ermöglichen, seine Change Projekte mit ST abzustimmen.
- Reduzierung von Fehlern und Variationen bei überführten Services.
- Reduzierung von Known Errors.

Nutzen

- Neue oder geänderte Services sind mit den Anforderungen des Kunden abgestimmt.
- Es ist sichergestellt, dass Kunden und Anwender neue oder geänderte Services mit maximalem Mehrwert nutzen können.
- Verbesserung der Fähigkeiten, schnell neue Services zu entwickeln.
- Verbesserung des Transition Management.
- Höhere Erfolgsrate für Changes und Release des Kunden.
- Verbesserte Produktivität der Mitarbeiter wegen besserer Planung.
- Risiken während und nach der Umsetzung des Changes werden besser verstanden.

Inhalt

Die Phase Service Transition liefert Konzepte und Anleitungen für...

- das Steuern von organisatorischen und kulturellen Changes
- Knowledge Management
- ein Service Management Knowledge Base System
- Risikoanalysen und Management
- Lifecycle Phasen
- die Prinzipien von ST
- Prozess Grundlagen
- Rollen und Verantwortungen

6.2 Grundbegriffe und Prinzipien

Grundbegriffe:

- **Configuration Management DataBase (CMDB)**

Datenbank mit allen servicerelevanten CIs und deren Beziehung zueinander.

- **Configuration Management System (CMS)**
  - Im CMS sind Informationen über alle CIs gespeichert, ist aber umfangreicher als die CMDB.
  - Das CMS zeigt die Beziehung zwischen Service Komponenten und zugehörigen Incidents, Problems, Known Errors und Changes.
  - Das CMS beinhaltet evtl. auch Unternehmensdaten zu Mitarbeitern, Lieferanten, Standorten, Kunden und Anwender.
  - Auf Datenebene kann das CMS auch aus mehreren CMDBs bestehen.
  - Das CMS gewährt Zugang zu Daten und dient nicht der Vervielfältigung von Daten.
  - Das CMS beinhaltet auch die „Definitive Media Library (DML)" und die „Definitive Spares".

- **Service Knowledge Management System (SKMS)**

Das Service Knowledge Management System (SKMS) geht über ein Configuration Management System hinaus und betrachtet zusätzlich:

- Die Erfahrung der Mitarbeiter.
- Periphere Angelegenheiten wie User Anzahl und Verhalten sowie Leistungszahlen der Organisation.
- Lieferanten- und Partner-Anforderungen, -Fähigkeiten und -Erwartungen.
- Typische Anwender Skill Level.

Im SKMS werden verschiedene Schichten (sog. Layer) betrachtet:

- Presentation Layer
- Knowledge Processing Layer
- Information Integration Layer
- Data and Information sources an Tests

Wo in Version 2 die CMDB (Configuration Management Database) das „Tool" für alle Informationen war, ist diese in der Version 3 nur noch ein Teil einer Informationsquelle.

Das SKMS versteht sich als „Zugriffspunkt" für alle Art von benötigten Informationen von verschiedenen Systemen.
Ziel ist nicht die redundante Datenhaltung im SKMS, sondern die Bereitstellung einer Schnittstelle zu anderen Datensystemen.

Prinzipien:

- Festlegen einer Service Transition Policy
    - Alle Changes werden durch Service Transition implementiert.
    - Übernehmen eines allgemeinen Giovernance-Rahmenwerkes, Organisations- und Service Management Policies.
    - Die Wiederverwertung bestehender Prozesse und Systeme maximieren.
    - Service Transition Pläne mit den Business Plänen abstimmen.
    - Aufbau und Pflege der Beziehungen zu den Stakeholdern.
    - Einführen effektiver Kontrollinstrumente.
    - Bereitstellen von Systemen zum Wissenstransfer.
    - Sicherstellen, dass ST früh in den Service Lifecycle mit einbezogen wird.
    - Qualitätssicherung neuer und geänderter Services.
- Festlegen einer Release Policy
    - Eindeutige Identifikation, Nummerierung und Namenskonvention.
    - Rollen und Verantwortlichkeiten für jede Stufe des Release und Deployment Prozess.
    - Die erwartete Häufigkeit von Release.
    - Den Ansatz wie Changes zu Release gruppiert werden.
    - Den Automatisierungsmechanismus zu Bau, Installation und Verteilung von Release.
    - Wie die Configuration Baseline aufgenommen wird.
    - Exit und Entry Kriterien.
    - Kriterien für den Early Life Support und Übergabe an Service Operations.

6.3 Prozesse in Service Transition

6.3.1 Transition Planning & Support

→ Ziele

- Planen und koordinieren von Ressourcen, um sicherzustellen, dass die in Service Design hinterlegten Anforderungen der Service Strategy effektiv in Service Operation realisiert werden können.
- Identifizieren, steuern und überwachen der Risiken über alle Aktivitäten in Service Transition.

→ Umfang

- Design und Operation Anforderungen in die Transition Pläne mit einbeziehen.
- Steuern und durchführen der Transition Planning und Support Aktivitäten.
- Pflegen und integrieren der Transition Pläne in die Service und Vertragsportfolios.
- Service Transition Fortschritt, Changes, Risiken und Abweichungen steuern.
- Qualitätsreview aller Service Transition, Release und Deployment Pläne.
- Steuern und durchführen aller Service Transition Prozesse und Tools.
- Kommunikation mit Kunden, Benutzern und Stakeholder.
- Erstellung der Release und Service Transition Policy.

→ Aktivitäten

- Setup/Aufbau einer Transition Strategie
    - Definition eines allgemeinen Leitbildes von Service Transition inkl. Zuordnung der Ressourcen.

- Service Transition vorbereiten
    - Review und Annahme des Inputs aus anderen Lifecycle Phasen.
    - Identifizieren, Einreichen und Planen von RFCs.
    - Überprüfen, ob die Configuration Baselines gesichert wurden.

- Service Transition planen und koordinieren
  - Planen einer individuellen Service Transition: Ein Service Transition Plan beschreibt alle Aufgaben und Aktivitäten über die Release Erstellung, und die Test Umgebung bis hin zur Produktionsübernahme.
  - Integrierte Planung: Ein integriertes Set an Transition Pläne, das mit anderen Plänen wie Release- und Test-Plänen verlinkt ist, sollte bestehen.
  - Übernahme von Best Practice Aktivitäten. Es ist Best Practice mehrere Release als Programm und bedeutende Release als Projekt zu definieren.
  - Review von Plänen: Vor der Verteilung sollten alle Pläne verifiziert werden.

- Support
  - Beratung und Unterstützung der Stakeholder zur Schaffung von Transparenz in den Service Transition Prozessen.

6.3.2 Change Management

→ Ziel

Das Ziel des Change Management Prozesses ist es sicherzustellen, dass Changes aufgezeichnet, bewertet, autorisiert, geplant, getestet, implementiert, dokumentiert und kontrolliert ausgewertet werden.

→ Umfang

- Change Management erstreckt sich auf alle Service Assets und Configuration Items während des gesamten Service Lifecycle.
- Change Management ermöglicht erfolgreiche Changes mit minimalen Auswirkungen auf die IT Services.
- Ausgenommen sind Changes mit signifikanteren Auswirkungen, wie bspw. Veränderungen an der Organisation, an Policies oder an Geschäftsabläufen. Diese Changes produzieren wiederum RfCs, die dann als Service Changes betrachtet werden können.

Die 7 R des Change Managements

Die folgenden sieben Fragen sollten für alle Changes beantwortet werden:

- Wer stellt (RAISED) den Change?
- Was ist der Grund (REASON) für den Change?
- Was ist das erwartete Ergebnis (RETURN) des Changes?
- Was sind die Risiken (RISKS) des Changes?
- Welche Ressourcen (RESOURCES) werden für den Change benötigt?
- Wer ist Verantwortlich (RESPONSIBLE) für Erstellen, Testen und Implementieren des Changes?
- Welche Beziehung (RELATIONSHIP) hat der Change zu anderen Changes?

→ Aktivitäten

1) RfC aufzeichnen

   Personen oder Abteilungen können RfCs einreichen. Alle RfCs werden aufgezeichnet und sind identifizierbar.

2) Review RfC

   Nach der Registrierung prüfen die Stakeholder, ob der Change unlogisch, undurchführbar, unnötig oder unvollständig ist, oder ob er schon früher eingericht wurde.

3) Change bewerten

   Die Bewertung, ob ein Change durchgeführt werden kann oder nicht, wird aufgrund der Auswirkungen, der Risikobeurteilung und des potentiellen Nutzens und der Kosten entschieden

4) Change autorisieren

   Für jeden Change ist eine formale Autorisierung notwendig. Diese kann von einer Rolle, Person oder Gruppe von Personen erteilt werden.

5) FSC Update

   Der Changeplan wird gemäß der Planung aktualisiert.

6) Change Implementierung koordinieren

   Weiterleiten des Changes an die relevanten Produktexperten, so dass die Changes erstellt, getestet und als Release verteilt werden können.

7) Review und Change Record schließen

   Ausgeführte Changes werden einige Zeit später bewertet (Post Implementation Review (PIR)). War der Change erfolgreich wird er geschlossen.

All diesen Aktivitäten liegt eine Änderung der Change- und Configuration-Daten im CMS zugrunde.

→ Rollen

Change Manager

- Entwicklung und Wartung des Prozesses
- Verantwortlich für die Bearbeitung von RFCs
- Vorbereitung von CAB-Sitzungen und deren Vorsitz

CAB Mitglieder

- Überprüfen der Changes, Bestimmen von Impact, Ressourcen und Kosten aller Changes
- Mitarbeit bei der Planung der Changes
- Bereitschaft für Beratung bei Notfall Changes (nur bei ECAB)
- Unterstützung des Change Managers

Performance und Risiko Manager

- Bewertet Change Risiken

Change Advisory Board (CAB)

Bewertung von Changes bzgl. benötigtem Personal, Mittel, Kosten; Teilnehmerkreis je nach anstehenden Changes.

Emergency CAB (ECAB) → Unterschied zu v2 CAB/EC

Sondersitzung zur schnellen Bewertung und Autorisierung von dringenden Changes (Notfallchanges) mit speziellem Verfahren.

6.3.3 Service Asset & Configuration Management

→ Ziel

Das Ziel des Service Asset und Configuration Management (SACM) ist die Informationsbereitstellung für alle anderen Prozesse, indm ein logisches Model der IT Infrastruktur zur Verfügung zu gestellt wird, wo IT Services und verschiedene IT Komponenten (physische, logische etc.) - die benötigt werden diese Services zu liefern - in Beziehung gesetzt werden.

→ Umfang

Service Asset und Configuration Management stellt eine klare Sicht auf Services, Release und Infrastruktur bereit und ermöglicht:

- einen besseren Change Forecast.
- eine erfolgreiche Beurteilung, Planung und Lieferung von Changes.
- eine Incident und Problem Lösung innerhalb der Service Level Ziele und Zeiten.
- die Verfolgung von Changes.
- die Kosten für einen Service zu identifizieren.

→ Aktivitäten

Grundlegende SACM Prozessaktivitäten sind:

1) Management und Planung
   Festlegen, auf welchem Level SACM benötigt wird und wie dieser Level erreicht werden kann. Das Ganze wird in einem Configuration Management Plan dokumentiert.
2) Configuration-Identifizierung
   Festlegen der CI-Struktur, Auswahl der CIs, Namenskonventionen, Labeln der CIs, Beziehungen, passende Attribute etc.
3) Configuration-Steuerung
   Angemessene Überwachung und Aktualisierung der CIs nach festgelegtem Verfahren.
4) Statusnachweis und Reporting
   Dokumentation und Überwachung des Lebenszyklus und Status von CIs.
5) Verifizierung und Audit
   Sicherstellen, dass keine Unstimmigkeiten zwischen der dokumentierten Baseline und jetzigen Situation vorkommen.

→ Rollen

Service Asset Manager

- Erstellung und Vereinbarung von Asset Management Prinzipien und Policies
- Bewertung, Design und Implementierung von Asset Management Systemen

Configuration Manager

- Erstellung und Vereinbarung von Configuration Management Prinzipien und Policies
- Entwicklung und Wartung des Prozesses
- Überprüfen von Leistung und Qualität des Prozesses
- Planung der CMS und Sammeln der Daten

Configuration Analyst

- Analysiert den Umfang des SACM Prozesses
- Schult SACM Mitarbeiter in allen Verfahren des Prozesses

Configuration Administrator/Librarian

- Bereitstellen von Informationen über den Status der Cis
- Akzeptieren und Speichern von neuen Konfigurationen
- Kontrolle über den Empfang, die Identifikation und Aufbewahrung, sowie das Zurückziehen von CIs.

CMS Tool Administrator

- Überwachen der Performance und Kapazität des Asset und Configuration Systems
- Bewerten von Tools

Change Manager

- Verlinkt RfCs mit Configuration Items

6.3.4 Release & Deployment Management

→ Ziel

Das Ziel des Release und Deployment Management ist es, ein Release in die Produktivumgebung auszurollen und sicherzustellen, dass der Service für den Kunden einen Mehrwert hat.

→ Umfang

Um das Ziel zu erreichen wird sichergestellt, dass:

- Changes schneller, kostenoptimierter und mit minimierten Risiken durchgeführt werden
- der Kunde und Anwender den neuen oder geänderten Service so bezieht, dass er die Geschäftsziele unterstützt.
- es klare und verständliche Release und Deployment Pläne gibt.
- ein Release Paket erfolgreich und rechtzeitig erstellt, installiert, getestet und ausgerollt wird.
- neue oder geänderte Services die vereinbarten Anforderungen erfüllen (Nutzen, Gewährleistung (Garantie), Service Levels).
- die Auswirkungen auf die Produktivumgebung so minimal wie möglich sind.

→ Aktivitäten

1) Planung
2) Vorbereitung für Building (Compilation), Testing und Deployment
3) Building und Testing
4) Service Testing und Pilotierung
5) Planung und Vorbereitung des Deployments
6) Transfer, Deployment und Außerkraftsetzung
7) Deployment bestätigen
8) Early Life Support
9) Review und Schließen

→ Prinzipien

Big bang

Neue oder geänderte Services werden in einer Aktion an die Anwender ausgerollt.

Phased

Neue oder geänderte Services werden für einen Teil der Anwender ausgerollt. Dies wird für alle weiteren Anwender mittels eines terminierten Rollout wiederholt.

Push

Ein "Push" Ansatz bedeutet, die Service Komponente wird zentral vom Server auf die Ziellokationen verteilt.

Pull

Ein "Pull" Ansatz bedeutet, die Service Komponenten (SW Release) liegen zentral auf einem Server, aber die Anwender entscheiden wann die Komponente auf die Ziellokation verteilt wird. (Bsp. Neustart)

Automation

Eine automatisierte Verteilung stellt Wiederholbarkeit und Konsistenz sicher.

Manual

Manuelle Verteilung erfordert einen erhöhten Monitor Aufwand.

Das **Service V-Modell** ist ein geeignetes Mittel, um die unterschiedlichen Configuration-Level des Entwickeln und Testens festzulegen.
Die linke Seite beginnt mit den Spezifikationen der Serviceanforderungen und endet detailliert in Service Design. Die rechte Seite spiegelt die Testaktivitäten wieder, anhand derer die Spezifikationen der linken Seite überprüft werden. In der Mitte befinden sich die Test- und Bewertungskriterien.

→ Rollen

Der **Release und Deployment Manager**

- ist verantwortlich für Planung, Gestaltung, Zusammenbau, Konfiguration und das Testen der Soft- und Hardware Komponenten eines Release Package.
- ist verantwortlich für die finale physische Lieferung.
- koordiniert die Release-Dokumentation und Kommunikation einschl. Training.
- plant die Verteilung immer zusammen mit Change-, Knowledge-, und Service Asset and Configuration Management.

Der **Release Packaging und Build Manager**

- erstellt die finale Release Konfiguration (z.B. Knowledge, Information, Hardware, Software und Infrastruktur).
- baut die finale Release Verteilung und testet die finale Lieferung.
- Erstellt und berichtet Known Errors und Workarounds.
- stellt Input für den Übergabeprozess bereit.

Der **Early Life Support Mitarbeiter**

- stellt funktionalen Support von Anfang bis zur Akzeptanz durch Service Operations bereit.
- stellt eine angemessene Support Dokumentation sicher.
- bereitet die Release Übernahme vor.
- stellt Erste Hilfe für Incidents und entdeckte Fehler bereit.

Der **Deployment Mitarbeiter**

- kümmert sich um die physikalische Verteilung.
- koordiniert die Release Dokumentation und Kommunikation incl. Training und Release Notes.
- plani die Verteilung zusammen mit Change- und Knowledge Management und SACM.
- Stellt Anwendungsunterstützung incl. Known Errors und Workarounds bereit.
- gibt Feedback über die Effektivität des Release.

6.3.5 Service Validation and Testing

→ Ziel

Sicherstellen, dass neue oder geänderte Services **fit for purpose (utility) und fit for use (warranty)** sind.

→ Umfang

Um einen Service End-to-end zu testen, sind die Schnittstellen zum Lieferanten, Kunden und zu den Partnern wichtig. Die Schnittstellen Definitionen des Service Providers stellen die Grenzen des Service Test dar, z.B. Prozess Schnittstellen, organisatorische Schnittstellen.
Das Testen beinhaltet auch das Testen von Service Transition Prozessen, Service Komponenten und eine Untersuchung über das Verhalten in der Zielumgebung.

→ Aktivitäten

- **Validation und Test Management** - Test Management besteht aus Planen und Steuern (Control) und aus dem Reporting über die Aktivitäten, die während der Testphase durchgeführt werden.
- **Planung und Design** - Test Planung und Design Aktivitäten finden sehr früh im Service Lifecycle statt, und beziehen sich auf Ressourcen, unterstützende Services, Meilensteine, Lieferung und Akzeptanz.
- **Verifizierung des Test Plans und Design** - Test Pläne und Designs werden verifiziert, um sicher zu gehen, dass alles vollständig (inkl. Skripte) ist, und das die Test Modelle das Risiko Profil des in Frage kommenden Services und aller möglichen Schnittstellen ausreichend abbilden.
- **Vorbereitung der Testumgebung** – Vorbereiten und Erstellen einer Baseline für eine Testumgebung.
- **Testen** – Tests werden mit manuellen oder automatisierten Test-Techniken durchgeführt. Die Tester zeichnen alle Ergebnisse auf.
- **Bewerten der Exit Kriterien und Reporting** – Die aktuellen Ergebnisse werden mit den geplanten verglichen. (Exit Kriterien).
- **Clean up und Closure** – Sicherstellen, dass die Testumgebung wieder sauber ist. Den Test Ansatz bewerten und Verbesserungselemente bestimmen.

6.3.6 Evaluation

→ Ziele

- Beurteilen der beabsichtigten und unbeabsichtigten Effekte eines Service Change.
- Bereitstellen von qualitativ hochwertigen Evaluierungsberichten.
- Evaluation ist ein generischer Prozess, der überprüft, ob die Leistung von "Etwas" akzeptabel ist.

→ Prinzipien

- Ein **Evaluation Report** beinhaltet ein Risikoprofil, Berichte über Abweichungen, Aussagen zur Qualität und Plausibilität (wenn notwendig) und Empfehlungen (um einen Change zuzulassen oder abzulehnen).
- Ein Service Change wird immer fair, vollkommen, offen und wenn möglich objektiv beurteilt.
- Der Evaluation Prozess nutzt den Deming-Cycle („Plan–Do–Check–Act"- (PDCA) Modell).

→ Aktivitäten

Planung der Evaluation – Analyse beabsichtigter und unbeabsichtigter Changeeffekte.

Evaluierung der vorausgesagten Performance – Sollte die Evaluierung zeigen, dass die vorausgesagte Performance ein unakzeptables Risiko für den Change darstellt, wird eine Übergangs-Bewertung an das Change Management gesandt. Alle Aktivitäten werden bis zu einer Entscheidung des Change Managements eingestellt.

Evaluierung der jetzigen Performance – Nach der Implementierung des Service Changes berichtet Service Operation über die aktuelle Performance des Service.

6.3.7 Knowledge Management

→ Ziel

Sicherstellen, dass verlässliche und sichere Informationen während des Service Lifecycle bereitgestellt werden, um die Qualität der Entscheidungsfindung (des Managements) zu verbessern.

→ Prinzipien

Die **Data-to-Information-to-Knowledge-to-Wisdom Struktur** beschreibt den Weg von der Datensammlung zum Wissen, zugänglich für jedermann.

- Data bezeichnet eine Anzahl Fakten bzgl. Ereignissen.
- Information bekommt man, indem man Daten in einen Kontext stellt.
- Knowledge besteht aus stillen Erfahrungen, Ideen, Erkenntnisse, Werte und Beurteilungen eines bzw. mehrerer Individuen, die zusammengeführt und dokumentiert werden.
- Wisdom bedeutet die ultimative Einsicht für ein Thema zu haben sowie das Bewusstsein für Anwendungen und Kontext zu besitzen.

→ Aktivitäten

Knowledge Management Strategie

Beschäftigt sich hauptsächlich mit dem Identifizieren und Dokumentieren von Knowledge und spürt Daten und Informationen auf, die dieses Knowledge unterstützen.

Knowledge Transfer

Analysiert die Knowledge Lücke zwischen den Abteilungen oder Personen, die im Besitz von Knowledge sind und jenen, die es brauchen. Das Ergebnis dieser Analyse ist ein Kommunikationsplan, der den Knowledge Transfer unterstützt.

Information Management

- Daten- und Informationsanforderungen erheben
- Definieren der Informationsarchitektur
- Verfahren festlegen
- Bewertung und Verbesserung.

Nutzung des SKMS

Das Bereitstellen von Services an Kunden in unterschiedlichen Zeitzonen und Regionen und mit unterschiedlichen Betriebszeiten ist eine zwingende Anforderung, das Wissen zu teilen. Aus diesem Grund muss ein SKMS System entwickelt und gewartet werden, das allen Stakeholdern zur Verfügung steht und alle Informationsanforderungen abdeckt.

Kapitel 7: Service Operation

7.1 Ziele – Nutzen – Inhalt

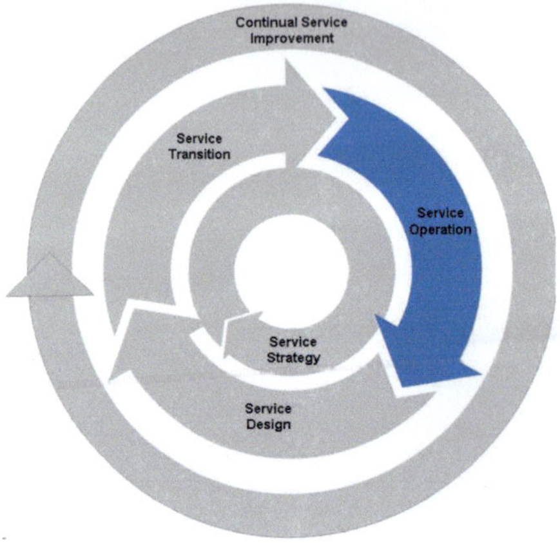

Service Operation betreibt die Services gemäß vereinbarter Service Levels. Service Operation ist für die Sicherstellung des Betriebs zuständig und erbringt den geforderten Wertbeitrag für den Kunden.

Ziele

- Koordinieren und Ausführen von Aktivitäten und Prozessen, die benötigt werden, um Services mit vereinbarten Service-Levels an Kunden und Anwender zu liefern.
- Service Operation ist ebenso verantwortlich für die Technologie, die benötigt wird, um Services zu liefern und zu betreuen.

Nutzen

- Im Service Betrieb werden alle Pläne, Entwürfe und Verbesserungen aus SS, SD, ST und CSI umgesetzt und gemessen.
- Aus Kundensicht wird im Servicebetrieb der Mehrwert erbracht!

Inhalt

Service Operation liefert Konzepte und Anleitungen für...

- die Service Operation Lifecycle Phasen
- die Prinzipien von Service Operation
- Prozess Grundlagen
- Funktionen in einer Organisation

7.2 Grundbegriffe und Prinzipien

IT Service ⇔ Technologie

IT kann als Ansammlung von IT Services gesehen werden (externer Blick) oder als Ansammlung von Technologie (interner Blick).

Der externe Blick beschreibt wie Services von Anwendern und Kunden betrachtet werden.

Der interne Blick beschreibt wie IT Komponenten und Systeme gesteuert werden, um Services zu liefern.

Stabilität ⇔ Reaktionsfähigkeit

Um ein Gleichgewicht zwischen Stabilität und Reaktionsfähigkeit in einer IT Organisation aufzubauen, sollten folgende Aktivitäten unternommen werden:

- Sicherstellen, dass die Investitionen in Technologie und Prozesse der Weiterentwicklung dienen und nicht dem Stillstand.
- Aufbau eines starken Service Level Management (SLM).
- Initiierung von Changes zum frühestmöglichen Zeitpunkt im ITSM Life Cycle.
- Sicherstellen, dass die IT bei allen Kunden-Changes zum frühestmöglichen Zeitpunkt involviert wird.

Zuviel Fokus auf Stabilität bedeutet auf Kundenanforderungen nicht mehr angemessen reagieren zu können (Flexibilität).

Servicequalität ⇔ Servicekosten

Service Operation liefert die vereinbarten Service Level und hält gleichzeitig die Kosten und Ressourcen Auslastung auf einem optimalen Level.

Das Gleichgewicht zu halten ist dabei wichtig. Zuviel Fokus auf Qualität bedeutet IT Services liefern mehr als nötig, zu höheren Kosten und können zu einer Diskussion über Preisreduzierungen führen. Zu starker Fokus auf die Kosten bedeutet, IT Services unterhalb des Budgets und in schlechter Qualität zu liefern und stellt ein Risiko für den Kunden dar.

Während der Service Strategie und Service Design Phase sollte ein angemessenes Gleichgewicht zwischen Kosten und Qualität gefunden werden.

Dazu benötigt man:

- Einen Financial Management Prozess und Tools, die die Kosten abbilden können.
- Sicherstellen, dass Entscheidungen über Kosten und Qualität von entsprechenden Managern in Service Strategie und Service Design getroffen werden.

Reaktiv ⇔ Proaktiv

Eine **reaktive Organisation** handelt erst, wenn sie von außen dazu aufgefordert wird, z.B. durch neue Kundenanforderungen, neu entwickelten Anwendungen oder Kundenbeschwerden.

Eine **proaktive Organisation** kümmert sich ständig um Verbesserungsmöglichkeiten. Die interne und externe Umgebung wird kontinuierlich nach Zeichen unerwünschter Auswirkungen untersucht.

Service Operation strebt danach, ein Gleichgewicht zwischen reaktiv und proaktiv herzustellen. Dazu braucht es:

- Ein formales Problem Management und Incident Management.
- Die Fähigkeit technische Fehler und Geschäftsanforderungen zu priorisieren.
- Daten von Service Asset und Configuration Management.
- Ständigen Kontakt zu SLM.

7.3 Prozesse in Service Operation

7.3.1 Event Management

→ Ziele

- Event Management stellt sicher, dass Events entdeckt und ausgewertet werden.
- Event Management stellt Mechanismen und automatisierte Verfahren zur frühen Incident Erkennung bereit und senkt damit teure HR Kosten.
- Eingebunden in andere Service Management Prozesse (wie CAP oder AVM) unterstützt Event Management angemessene Reaktionen.

→ Umfang

Event Management betrachtet jedes Ereignis, das einen Service unterbricht oder unterbrechen könnte. Das beinhaltet Ereignisse, die direkt vom Anwender gemeldet werden oder von Interface Tools aus dem Event Management an die Incident Tools gemeldet werden.

→ Prinzipien

Es werde verschiedene Typen von Events unterschieden:

Betriebsevents

Notifications, E-Mail Bestätigungen, User Logs

Events die eine normale Funktionsweise anzeigen.

Ausnahme Events

User Log mit falschen Passwort, CPU Auslastung kritisch, abnormal end of program.

Events die eine abnormale Funktionsweise zeigen (Exceptions).

Außergewöhnliche Events, die aber keine Ausnahme Events sind (z.B. Warnings). Diese Events signalisieren eine ungebräuchliche aber nicht ungewöhnliche Funktionsweise signalisieren (Job Routinen laufen 10% länger als normal, etc).

→ Aktivitäten

1) Ein Event passiert

Events passieren zu jeder Zeit, aber nicht alle von ihnen werden entdeckt oder registriert. Deshalb ist es wichtig zu verstehen, welche Event Typen entdeckt werden müssen.

2) Eventbenachrichtigung

Management Tools sammeln Daten über Ereignisse (dies wird auch "polling" genannt).

Das CI erzeugt einen Bericht, wenn bestimmte Vorraussetzungen gegeben sind.

3) Evententdeckung

Eventberichte lesen, auswerten und interpretieren.

4) Event filtern

Die Eventfilterung (wichtig/unwichtig) entscheidet, ob der Event zum Management Tool kommuniziert wird oder nicht.

5) Eventklassifikation

Die Wichtigkeit eines Events wird festgelegt:

- Informativ
- Warnung/Alarm – Ein Alarm erfordert eine Person oder ein Team, um eine spezielle Aktion ausführen zu können, vielleicht bei einem speziellen Gerät und zu einer speziellen Zeit. Beispiel: Eine Tonerkartusche in einem Drucker austauschen, wenn die Anzeige niedrig ist.
- Störung/Ausnahme

6) Eventzuordnung

Bedeutung des Events bestimmen und entsprechende Aktionen auslösen.

7) Auslöser (Trigger)

Wenn weiterführende Aktivitäten notwendig sind, muss eine Verantworlichkeit festgelegt werden. Incident Trigger generieren z.B. einen Incident Record.Change Trigger generieren einen RfC.

8) Review-Aktivitäten
Alle wichtigen Events oder Ausnahmen sollten geprüft werden, um zu entscheiden, ob sie korrekt behandelt wurden oder ob die Event Typen gezählt wurden.

9) Abschließen des Events
Events, die keine Bedeutung mehr haben werden geschlossen. Einige Events bleiben offen bis spezifische Aktionen durchgeführt worden sind.

→ Rollen

Für Organisationen erscheint es ungewöhnlich einen **"Event Manager"** zu etablieren, da Events in verschiedenen Zusammenhängen und aus verschiedenen Gründen erscheinen.
Folgende Rollen und Funktionen aus Service Operations bearbeiten regelmäßig Events:

- IT Service Desk
- Technical Management
- Application Management
- IT Operations Management
  (wenn nicht identisch mit Technical- oder Application-Management)

7.3.2 Request Fulfilment

→ Ziele

- Der Prozess Request Fulfilment behandelt alle **Service Requests** der Anwender.
- Ein **Eingangstor** (Web Front-End, SW-Interface) für den Anwender **zur Anforderung von Standard Services**, für die ein Vorab-Genehmigungsprozess existiert.
- Anwendern und Kunden **Informationen bereitstellen** über Service Verfügbarkeit.
- **Komponenten** angeforderter Standard Services **beziehen und ausliefern**.
- Assistiert mit allgemeinen Informationen, Beschwerden oder Kommentaren.

→ Prinzipien

Request Modelle beschreiben vordefinierte Verfahren (evtl. vorab genehmigte Changes), um öfter auftretende Service Requests konsistent zu bearbeiten.
Sie legen die Phasen fest, die benötigt werden, um die Anforderungen der Individuen und Support-Gruppen, sowie die involvierten Zeitlimits und Eskalationspfade abzuhandeln.
Der Service Request wird üblicherweise als Standard Change behandelt.

→ Aktivitäten

- Menüauswahl

Eigene Serviceanforderungen per Link über ein Service Management Tool vorschlagen. Self-Help-Fähigkeiten oder Selfhelp-Function.

- Finanzielle Genehmigung

Bestimmung der Kosten einer Anforderung. Dabei sind fixe Preise möglich. Die Genehmigung erteilt der Benutzer.

- Fulfilment

Die aktuellen Fulfilment-Aktivitäten hängen von der Natur des Service Requests ab. Der Service Desk kann simple Anforderungen handhaben, wohingegen andere zu Spezialgruppen oder Lieferanten weitergeleitet werden müssen.

- Abschluss

Sobald der Service Request erledigt ist, wird der Service Desk die Anforderung abschließen.

→ Rollen

Der **Request Fulfilment Owner** stellt sicher, dass der Prozess wie vereinbart und dokumentiert abläuft.

Die Bearbeitung der Service Requests wird meist von Mitarbeitern folgender Prozesse durchgeführt:

- Service Desk
- Incident Management
- Service Operation Team(s)
- (Lieferanten)

Häufig unterstützen auch Facilities Management, Procurement und andere Geschäftsbereiche die Erfüllen von Service Requests.

7.3.3 Access Management

→ Ziele

- Access Management (AM) vergibt Rechte an Anwender, damit diese einen Service oder eine Gruppe von Services nutzen können.
- AM führt Policies und Maßnahmen aus, die in Information Security und Availability Management definiert sind.

→ Aktivitäten

1) Zugriff anfordern

Der Zugriff auf Daten oder Services (oder die Verweigerung des Zugriffs) kann über verschiedene Mechanismen angefordert werden, z.B. über ein Tool, RfC, Service Request etc.

2) Verifikation / Überprüfung

AM muss jede Anforderung eines Zugriffs auf einen IT Service von zwei Seiten überprüfen:

- Die Identität des Anwenders ist zweifelsfrei klar.
- Es besteht ein legitimer Grund bzw. Anspruch auf den Zugriff.

3) Rechtebereitstellung

Nach den Richtlinien und Vorgaben aus der Service Strategie und Service Design Phase können die entsprechenden Rechte an den Anwender vergeben werden.

4) Überwachung der Identität

Im Laufe der Zeit ändern sich Rollen des Anwenders und somit auch sein Bedarf an Rechten oder Zugriffen auf Services.

5) Protokollierung und Erfassung des Zugriffs

Es findet eine Zugriffsüberwachung und –steuerung statt.

6) Entfernen oder beschränken von Rechten

Analog der Bereitstellung können nach den Richtlinien und Vorgaben aus der Service Strategie und Service Design Phase die entsprechenden Rechte des Anwenders entzogen oder entfernt werden.

→ Rollen

Da Access Management der **ausführende Prozess für Security- und Availability Management** ist, sind diese beiden Prozesse für die Rollendefinitionen verantwortlich.

In der Regel werden die Aufgaben von Access Management von den operativen Funktionen ausgeführt.

7.3.4 Incident Management

→ Ziel

Den normalen Service Betrieb (gem. SLA) schnellstmöglich wiederherzustellen, um die vereinbarte Service Qualität und Verfügbarkeit auf dem bestmöglichsten Level zu gewährleisten und um negative Auswirkungen auf das Kundengeschäft zu minimieren.

→ Umfang

Incident Management betrachtet jedes Ereignis, das einen Service unterbricht oder unterbrechen könnte. Das beinhaltet Ereignisse, die direkt vom Anwender gemeldet werden oder von Interface Tools aus dem Event Management an die Incident Tools gemeldet werden.

→ Aktivitäten

1) Identifikation
2) Registrierung
3) Kategorisierung
4) Priorisierung
5) Untersuchung & Diagnose
6) Lösung und Wiederherstellung
7) Abschluss

7.3.5 Problem Management

→ Ziel

Nachteilige Auswirkungen von Incidents und Problems in der IT Infrastruktur auf das Business zu minimieren und das Wiederauftreten von Incidents zu vermeiden.

Um dieses Ziel zu erreichen, erforscht das Problem Management die Ursachen, sucht strukturelle Lösungen und leitet deren Umsetzung ein.

→ Aktivitäten

Das Problem Management in ITIL V3 unterteilt sich in:

- Reaktives Problem Management
- Proaktives Problem Management

Die aus ITIL V2 bekannten Sub-Prozesse Problem Control und Error Control wurden damit in der Version 3 zusammengefasst!

Reaktives Problem Management:

Analyse und Lösen der Ursachen von Incidents. Reactive Problem Management wird von Service Operation durchgeführt.

Angetriggert von Service Desk, Event Management, Incident Management, dem proaktiven Problem Management oder von Lieferanten werden folgende Aktivitäten durchlaufen:

- Problem Erkennung
- Problem Aufzeichnung
- Kategorisierung
- Priorisierung
- Untersuchung und Diagnose (Schnittstelle CMS)
- Known Error Record erstellen
- (evtl. Change Management anstoßen)
- Lösung
- Abschluß

Proaktives Problem Management:

Aktivitäten, die zukünftige Probleme/Incidents entdecken und verhindern. Proactive Problem Management beinhaltet die Identifikation der Trends und potentieller Schwächen. Es wird durch Service Operation initiiert, aber üblicherweise von CSI angetrieben.

Known Error Record erstellen

Sobald die Diagnose abgeschlossen ist und besonders, wenn schon ein Workaround gefunden wurde, muss ein Known Error Record erstellt werden und in die Known Error Database abgelegt werden.
Manchmal kann es von Vorteil sein, einen Known Error früher im Prozess zu erstellen, bspw. aus Informationsgründen.

→ Rollen

Neben dem typischen **Problem Manager** gibt es die sog. **Problem Solving Groups** (Problemlöser), da das eigentliche Lösen eines Problems eher von mehreren technischen Gruppen betrieben wird.
Der Problem Manager ist dafür verantwortlich, dass die Gruppen aus der Problembeseitigung genügend Ressourcen bekommen und übernimmt die Eskalationsverantwortung an das Management.

7.4 Funktionen in Service Operation

7.4.1 Service Desk

Schaffung eines **S**ingle **P**oint **of** **C**ontacts (SPOC) zwischen Anwendern und IT Organisation zur zentralen Annahme von Calls, Störungen, etc.

Der Service Desk sorgt für die schnellstmögliche Wiederherstellung "normaler Services".

7.4.2 Technical Management

Das Ziel von Technical Management (TM) ist es zu helfen, eine stabile technische Infrastruktur zu planen, zu implementieren und zu warten, um die Geschäftsprozesse des Kunden zu unterstützen.

Technical Management spielt dabei eine Doppelrolle:
=> 'Hüter' der technischen Kompetenz und Wissen im Zusammenhang mit der IT Infrastruktur. In dieser Rolle stellt das technische Management sicher, dass alles Wissen identifiziert und entwickelt wird, welches benötigt wird, um Services zu entwerfen, testen, steuern und zu verbessern.

=> TM stellt Ressourcen zur Unterstützung des ITSM Life Cycle bereit. In dieser Rolle stellt TM sicher, dass Ressourcen ausreichend geschult und eingesetzt werden können, um die Technologie zu entwickeln, die gebraucht wird, IT Services zu liefern.

7.4.3 Application Management

Das Ziel von Application Management ist, die Geschäftsprozesse des Kunden zu unterstützen, funktionale und steuerbare Anforderungen in Applikationen zu identifizieren und dann während der Entwicklung und Verteilung zu assistieren und weitergehenden Support und Verbesserungen zu gewährleisten.
Application Management spielt eine Rolle in allen Anwendungen, ob gekauft oder "im Haus" entwickelt.
Bei der Entscheidung, ob eine Anwendung gekauft oder entwickelt werden soll, spielt Application Management eine Schlüsselrolle.

7.4.4 IT Operations Management

IT Operations Management führt alle Aktivitäten und Verfahren aus, die benötigt werden, um die IT Infrastruktur zu steuern und zu warten, damit IT Services zu den vereinbarten Bedingungen geliefert werden können.
Dazu gehört die Wartung des Status-Quo, um Stabilität im Tagesgeschäft zu gewährleisten sowie regelmäßige genaue Prüfungen zur Verbesserung des Services bei reduzierten Kosten unter Wahrung von Stabilität.
Das IT Operations Management hat wiederum zwei Funktionen, die einzigartig sind und hauptsächlich formal-organisatorische Strukturen haben:

IT Operations Control überwacht die Ausführung und das Monitoring aller operationellen Aktivitäten und Ereignisse, manuelle und automatische Netzwerküberwachung, Console Management, Administrationen…

Facilities Management zum Managen der physikalischen IT Umgebung (wie Rechenzentren, Computer Räume, K-Fall Standorte etc.).

Kapitel 8: Continual Service Improvement

8.1 Ziele – Nutzen – Inhalt

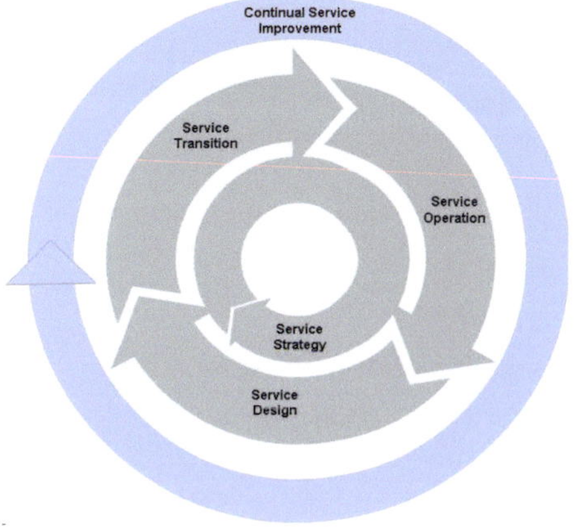

Continual Service Improvement (kurz: CSI) ist für die kontinuierliche Anpassung und Neuorientierung der IT Services an die sich ändernden Businessanforderungen durch das Erkennen und Umsetzen von Verbesserungen an den IT Services verantwortlich.

Ziele

- Identifikation und Implementierung von Aktivitäten zur Verbesserung der IT Services, die die Business Prozesse unterstützen.
- Identifikation und Implementierung von Verbesserungen an den Service Management Prozessen.
- Verbessern der Kosteneffektivität.
- Sicherstellen, dass Qualitätsmanagement Methoden angewandt werden.

Die Verbesserungsaktivitäten unterstützen den Lifecycle-Ansatz durch alle Phasen (Service Strategy, Service Design, Service Transition und Service Operation) und sollten die drei Aspekte Prozesseffektivität, Prozesseffizienz und Kosteneffektivität einbeziehen.

Nutzen

- Verbesserungen im gesamten Service Lifecycle
- Gewinn
- ROI (Return on Invest)
- VOI (Value on Invest)
- Nicht greifbarer Nutzen (soft benefit):
    - Verbesserung der Kompetenzen.
    - Menschen und Prozesse sind integriert.
    - Weniger Redundanz erhöht den Durchsatz.
    - Weniger verlorene Gelegenheiten/Potenziale/Möglichkeiten.
    - Verbesserte Fähigkeit schnell auf Changes zu reagieren

Inhalt

Continual Service Improvement liefert Konzepte und Anleitungen für...

- Verbesserungen aus Kundensicht
- Verbesserungen aus Technologiesicht
- die Prinzipien von CSI
- Service Reporting
- Prozess Grundlagen
- Rollen und Verantwortungen

8.2 Grundbegriffe und Prinzipien

Das Continual Service Improvement kennt vier Begrifflichkeiten, die im Zusammenhang mit den Ergebnissen des Service Improvements Verwendung finden:

Improvement (Verbesserung)
Unter einem Improvement versteht man ein positives Ereignis aus der Prozessleistung bzw. der Serviceerbringung.

Benefits (Vorteile)
Benefits sind die Effekte, die durch die Verbesserung (Improvements) erzielt wurden.

ROI – Return on Invest (Investitionsertrag)
Der ROI drückt die Differenz zwischen dem erzielten Benefit und den Kosten aus, die verursacht wurden, um den Benefit zu erwirtschaften. Dieser Faktor wird in der Regel in Prozent ausgedrückt. Den besten ROI erreicht man, wenn man mit einer kleinen Investition einen großen Benefit erzielen kann. Daher ist der ROI auch ein Faktor, mit dem die Güte einer Investition ausgedrückt werden kann.

VOI – Value on Invest (Investitionswert)
Der zusätzliche nicht monetäre oder Langzeitwert durch die Etablierung von Benefits wird als VOI bezeichnet. ROI ist eine Untermenge von VOI.

Als Prinzipien kommen in der Phase Continual Service Improvement folgende zum Einsatz:

PDCA-Modell (Deming-Cycle)
Um Prozesse und Services mit einer entsprechenden Qualität zu designen/entwerfen und implementieren zu können, sind eindeutige Zielsetzungen und konkrete Vorstellungen bezüglich der zu erwartenden Ergebnisse erforderlich. Der Deming-Cycle unterstützt dabei Zielvorgaben, strukturiert und kontrolliert umzusetzen.
Er besteht aus den vier Schritten **P**lan, **D**o, **C**heck und **A**ct.
CSI nutzt den PDCA Zyklus in zwei Bereichen:

- Implementieren von CSI - Planen, implementieren (Do), überwachen, messen, und überprüfen (Check) und anpassen (Act) von CSI.
- Kontinuierliche Verbesserung der Services und Prozesse

Continual Service Improvement Model (CSI-Modell)

Es gibt viele unterschiedliche Möglichkeiten und Ansätze für Verbesserungen. Das CSI-Modell beschreibt einen gleich bleibenden Management-Kreislauf für die Umsetzung von kontinuierlichen Verbesserungen.

Ausgehend von den High-Level Business Zielen fragt man sich

- Was ist unsere Vision?

Über Assessments kann die Frage beantwortet werden

- Wo stehen wir jetzt?

Anschließend gilt es, sich realistische und messbare Ziele zu setzen

- Welche Ziele haben wir?

Über die Prozessverbesserungen werden die Maßnahmen eingeleitet, um die Frage zu beantworten

- Wie erreichen wir unsere Ziele?

Über Kennzahlen und Messungen gilt es nun zu die abgeschlossenen Maßnahmen zu bewerten und den Management-Kreislauf von neuem zu durchlaufen.

Prinzipien des Service Measurements:

Business Value – Hauptgründe für Messungen

Grundsätzlich gibt es 4 Gründe zu überwachen und zu messen:

1) Validieren (validate) – überwachen und messen, um frühere Entscheidungen zu bestätigen.
2) Lenken und Steuern (direct) - überwachen und messen, um Aktivitäten in eine bestimmte Richtung zu lenken, damit Ziele erreicht werden.
3) Begründung (justify) – überwachen und messen zur Begründung, mit Nachweisen dass eine bestimmte Maßnahme notwendig ist.
4) Eingreifen (intervene) – überwachen und messen, um Eingreif-Punkte zu identifizieren inkl. Change und korrigierende Maßnahmen.

Service Measurement – Baseline

Baselines werden genutzt, um einen ermittelten Datenpunkt zu setzen, wenn der Service oder der Prozess verbessert werden soll. Deshalb ist es wichtig, dass Baselines dokumentiert und von der Organisation akzeptiert werden.

Baselines müssen auf jeder Ebene geschaffen werden:

- Strategische Ziele
- Taktische Prozessreife
- Operationelle Kennzahlen

Service Measurement - Kennzahlen

- Technische Kennzahlen

Kennzahlen für Komponenten und Anwendungen (Leistung, Verfügbarkeit etc).

- Prozess Kennzahlen

Kennzahlen, die in Form von CSF (Critical Succes Factor) und KPI (Key Performance Indicator) vorliegen, für alle Service Management Prozesse. Leistung der Service Management Prozesse.

- Service Kennzahlen

Kennzahlen sind Ergebnis der End-to-End Service Messung.

8.3 Prozesse in Continual Service Improvement

8.3.1 7 Step Improvement Process

- **Schritt 1**: Definiere was gemessen werden soll

Anfangs- und Endpunkt. Hier startet der Zyklus von neuem:

=> Wo befinden wir uns? (Where are we now?)

- **Schritt 2**: Definiere was gemessen werden kann

z.B. neue Service Level Anforderungen, IT Fähigkeiten und Fertigkeiten (identifiziert im Service Design und implementiert durch Service Transition).

=> Wo wollen wir hin? (Where do we want to be?)

- **Schritt 3**: Sammle Daten

Zuerst müssen Daten erhoben werden, um die Frage

=> Sind wir schon da? (Did we get there?) zu beantworten.

Daten werden gemäß den vereinbarten Zielen erhoben.

- **Schritt 4**: Verarbeite die Daten

Abläufe sind zeitlich koordiniert, fehlende Daten sind identifiziert, Daten sind konsistent und verarbeitungsbereit.

Die Datenverarbeitung beinhaltet auch das richtige Präsentationsformat festzulegen.

Hier werden Daten zu Informationen.

- **Schritt 5**: Analysiere Daten

Hier werden die Informationen zu „Wissen".

Analyse der Service Lücken, Trends und deren Auswirkung.

Unstimmigkeiten, Trends und mögliche Erklärungen werden für das Business vorbereitet.

- **Schritt 6**: Präsentation

Alle Interessensvertreter bekommen ein genaues Bild der Ergebnisse aus den Verbesserungsmaßnahmen und können Entscheidungen für Verbesserungen treffen.

- **Schritt 7**: Implementiere korrigierender Maßnahmen

Einbringen des erworbenen Wissens, um Services zu optimieren und zu verbessern. Verbesserungen umsetzen, eine neue Baseline setzen und wieder von vorne beginnen.

Kapitel 9: Fazit

Die Publikationen zur Infrastructure Library wurden von der Version 2 zur Version 3 vollständig umstrukturiert.

Alle wichtigen und bekannten Prozesse der früheren Managementbereiche sind erhalten geblieben. Diese sind um eine Anzahl von weiteren Prozessen ergänzt bzw. erweitert worden.

Der Lifecycle-Ansatz lässt ein vollständiges, geschlossenes Prozessmodell erwarten. Dies wird durch die Version 3 nur in Teilen erfüllt!

Die Beschreibungen der einzelnen Prozesse sind in den Publikationen verteilt.

Der Schwerpunkt liegt immer in dem Teil, in dem der Prozess schwerpunktmäßig auftritt. Querverbindungen werden nach Bedarf in den weiteren Teilen hergestellt, in denen der Prozess auch Aktivitäten hat.

Der Beschreibungsumfang bzw. die -tiefe der Prozesse ist sehr unterschiedlich.

Eine durchgängige (Kapitel-) Struktur zur Beschreibung der Prozesse ist leider nicht zu erkennen. Wünschenswert wäre eine wiedererkennbare Struktur wie die Folgende:

→ Ziel

→ Umfang

→ Prinzipien

→ Schlüsselbegriffe

→ Aktivitäten

→ Rollen

→ KPIs

→ Input/Output

Die Best Practice Erfahrungen der Version 2 sowie die neuen Inhalte der Version 3 erweitern den bisherigen Horizont um viele nützliche Aspekte.

Dies bedeutet auch, dass die bisherigen Investitionen in die Prozessoptimierung ihren Wert nicht verlieren. Wer weitere Verbesserungen plant oder neue Anregungen sucht, wird sie sicher in der Version 3 finden.

Wer ITIL V3 als Leitfaden und nicht als Dogma nutzt, wird durchaus einen Mehrwert in dieser Version erkennen.

Kapitel 10: Anhang

10.1 Wichtige Organisationen in der ITSM-Welt

APMG - www.apmgroup.co.uk

OGC (Office of Government Commerce) hat mit APMG (Association of Proposal Management Group) einen Exklusivvertrag zur Personenzertifizierung abgeschlossen. Damit tritt APMG die Nachfolge der Non-Profit-Organisationen EXIN und ISEB an. Alle ITIL-Ausbildungen und -Zertifizierungen werden von der APMG gesteuert. Ausgeführt werden deren Vorgabe durch sogenannte "Examination Institutes". Stand 01.08.2007 sind dies EXIN, ISEB und APMG selbst.

EXIN - www.exin-exams.com

EXIN ist ein von APMG akkreditiertes Examination Institute. EXIN bietet neben den offiziellen ITIL-Personenzertifizierungen auch Personenzertifizierungen in anderen Bereichen an.

ISEB - www.bcs.org/iseb

EXIN ist ein von APMG akkreditiertes Examination Institute.

10.2 Glossar

Um die Aktualität des Glossars zu gewährleisten, soll hier lediglich der Link zur offiziellen Übersetzung des Originalglossars der APMG erwähnt werden:
www.itsmf-events.de/translationV3/20070831_ITIL_V3_Glossary_Germany.pdf

10.3 Abkürzungsverzeichnis

APMG	Association of Proposal Management Group
ATO	Accredited Training Organisation
CAB	Change Advisory Board
CI	Configuration Item
CMDB	Configuration Management Database
CMIS	Capacity Management Information System
CMS	Configuration Management System
CSI	Continual Service Improvement
FM	Financial Management
ISMS	Information Security Management System
ITIL	Information Technology Infrastructure Library
SACM	Service Asset & Configuration Management
SCD	Supplier Contract Database
SCM	Service Catalogue Management
SD	Service Design
SKMS	Service Knowledge Management System
SLA	Service Level Agreement
SLM	Service Level Management

SLR	Service Level Reqirements
SO	Service Operation
SS	Service Strategie
ST	Service Transition
OLA	Operational Level Agreement
UC	Underpinning Contract

Dieses Abkürzungsverzeichnis erhebt keinen Anspruch auf Vollständigkeit.
Es stellt lediglich die wichtigsten Abkürzungen dar, die in diesem Pocketguide genutzt werden.

10.4 Der Autor

Seit 2001 arbeitet **Christian Simons** als Consultant & Trainer bei einer Unternehmensberatung mit Schwerpunkt der ganzheitlichen Unterstützung bei der Einführung und Betreuung eines professionellen IT Service Managements.

Hier leitet er Projekte zur Einführung und/oder Optimierung von Prozessen in der IT, führt individuelle Kunden-Workshops durch. Er begleitet seine Kunden bei der Strategiefindung und als Trainer seine Seminarteilnehmer erfolgreich auf ihrem Wege zur Zertifizierung Ihrer ITIL-Ausbildung.

Christian Simons ist jemand, der nicht nur den theoretischen Background für IT Service Management mitbringt, sondern dies auch in der Praxis umsetzen kann.

Jahrgang: 1978

Ausbildung: Mathematisch-technischer Assistent

Studium: Wirtschaftsinformatik - Diplom Informatiker (FH)

Zertifizierungen:

- ITIL Expert
- Approved ITIL V3 Trainer
- Manager's Certificate in IT Service Management
- Practitioner's Certificate in IT Service Management Agree and Define
- ISO20000 Consultant & internal Auditor
- Six Sigma Champion

Persönliche Notizen:

Herstellung und Verlag:
Books on Demand GmbH, Norderstedt
ISBN 978-3-8391-6794-6